市政工程
造价算量一例通

工程造价员网　张国栋　惠　涛　肖桃李◎主编

中国建筑工业出版社

图书在版编目（CIP）数据

市政工程造价算量一例通/工程造价员网等主编.
北京：中国建筑工业出版社，2016.12
ISBN 978-7-112-19975-4

Ⅰ．①市… Ⅱ．①工… Ⅲ．①市政工程-工程造
价 Ⅳ．①TU723.3

中国版本图书馆 CIP 数据核字（2016）第 244545 号

市政工程造价算量一例通以《建设工程工程量清单计价规范》GB
50500—2013、《市政工程工程量计算规范》GB 50857—2013 为依据，全书以
某城市道路新建改建工程、某市政排水工程、某污水处理厂新建集水井共三
个案例贯穿全文，从前到后系统介绍了市政工程工程量清单计价及定额计价
的基本知识和方法。每个案例分别从简要工程概况、工程图纸识读、工程量
计算规则、工程算量讲解、工程算量计量技巧、清单综合单价详细分析等方
面进行了详细的讲解，做到了工程概况阐述清晰，工程图纸排列有序，工程
算量有条不紊，工程单价分析前后呼应，工程算量要点提示收尾总结。让读
者可以循序渐进，层层剖析，现学现会。

本书适用于市政工程造价员、造价工程师、工程造价管理人员、工程审
计员，也可供市政工程工程量清单编制、投标报价编制的造价工程师、项目
经理及造价相关行业人员参考使用，也可作为高等院校相关专业师生的实用
参照书。

责任编辑：赵晓菲　毕凤鸣
责任设计：李志立
责任校对：王宇枢　焦　乐

市政工程造价算量一例通
工程造价员网　张国栋　惠　涛　肖桃李　主编

*

中国建筑工业出版社出版、发行（北京海淀三里河路 9 号）
各地新华书店、建筑书店经销
霸州市顺浩图文科技发展有限公司制版
北京市书林印刷有限公司印刷

*

开本：787×1092 毫米　1/16　印张：6¾　字数：149 千字
2017 年 9 月第一版　　2017 年 9 月第一次印刷
定价：**20.00** 元
ISBN 978-7-112-19975-4
（29469）

编写人员名单

主　　编　工程造价员网　张国栋　惠　涛　肖桃李

参　　编　赵小云　郭芳芳　刘　瀚　洪　岩

　　　　　马　波　王希玲　陈艳平　张紧紧

　　　　　段伟绍　胡海伦　宋　雪　马罗庚

　　　　　金　栋　随晓丹　张　露　任宗华

前　　言

在现代工程建设中，工程造价是规范建设市场秩序、提高投资效益和逐步与国际造价接轨的重要环节，具有很强的技术性、经济性和政策性。为了能全面提高造价工作者的实际操作水平，我们特组织编写此书。

本书通过完整的案例，结合定额和清单分成不同的层次，具体操作过程按照实际预算的过程步步为营，慢慢过渡到不同项目的综合单价的分析。书中通过完整的实例，在整体布局上尽量做到按照造价操作步骤进行合理安排，从工程概况—图纸识读—相应的清单和定额工程量计算—对应的综合单价分析—重要的要点提示，按照台阶上升的节奏一步一步深入，进而将整本书的前后关联点串起来，全书涉及的市政工程造价知识点比较全面，较完整地将市政工程造价的操作要点及计算要点汇总在一起，为造价工作者提供了完善且可靠的参考资料。

本书在编写时参考了《建设工程工程量清单计价规范》GB 50500—2013、《市政工程工程量计算规范》GB 50857—2013 和相应定额，以实例阐述各分项工程的工程量计算方法和相应综合单价分析，同时也简要说明了定额与清单的区别，其目的是帮助工作人员解决实际操作问题，提高工作效率。

该书在工程量计算的时候改变了以前传统的模式，不再是一连串让人感到枯燥的数字，而是在每个分部分项的工程量计算之后相应地附有详细的注释解说，让读者即使不知道该数据的来由，在结合注释解说后也能够理解，从而加深对该部分知识的应用。

本书与同类书相比，其显著特点是：

（1）实际操作性强。书中主要以实际案例详解说明实际操作中的有关问题及解决方法，便于提高读者的实际操作水平。

（2）涵盖全面。通过完整的工程实例，从最初的工程概况介绍到相应分项工程的综合单价分析，系统且全面地讲解了市政工程造价所包含的内容与操作步骤。

（3）在前面的工程量计算与综合单价分析之后，将重要的工程算量计算要点列出来，方便读者快捷学习和使用。

（4）该书结构清晰，内容全面，层次分明，针对性强，覆盖面广，适用性和实用性强，简单易懂，是造价者的一本理想参考书。

本书在编写过程中，得到了许多同行的支持与帮助，在此表示感谢。由于编者水平有限和时间紧迫，书中难免有错误和不妥之处，望广大读者批评指正。如有疑问，请登录 www. gczjy. com（工程造价员网）或 www. ysypx. com（预算员网）或 www. debzw. com（企业定额编制网）或 www. gclqd. com（工程量清单计价网），或发邮件至 zz6219@163. com 或 dlwhgs@tom. com 与编者联系。

目　　录

精讲实例一 某城市道路新建改建工程

1.1 简要工程概况

某市道路新建工程概况如下：

某市一交叉口道路因交通拥挤，路面损坏严重，需拆除和重建，旧路面如图1-1所示，新建路面结构如图1-2所示。为了缓解交通压力，则在1号主干道上建3号道路，路面结构如图1-2所示。

新建道路结构为：1号道路双向四车道，宽15.0m。中央分隔带宽4.0m，人行道宽3.0×2m=6.0m，人行道上每隔5m种一棵树。树池尺寸0.7m×0.7m×0.8m。2号道路也为双向四车道，宽14.0m，人行道宽3.0×2m=6.0m。人行道上每隔5m种一棵树，树池尺寸为0.7m×0.7m×0.8m。3号道路为单向两车道，宽7.5m，人行道宽3.0×2m=6.0m。人行道上每隔5m种一棵树，树池尺寸为0.7m×0.7m×0.8m。

新建道路两侧均安砌混凝土侧石，侧石尺寸为50cm×35cm×13cm。1号道路侧石下人工铺装3cm厚混凝土垫层，如图1-5所示；2号道路侧石下人工铺装3cm厚石灰土垫层，如图1-6所示；3号道路侧石下人工铺装3cm厚炉渣垫层。旧路结构如图1-3、图1-4所示：1号道路宽7.5m，人行道宽2.0×2m=4.0m，每隔3m种一棵树，树池尺寸为0.5m×0.5m×0.7m，树池石的厚度为15cm，道路两侧均安砌混凝土侧石；2号道路宽7.0m，人行道宽2.0×2m=4.0m，每隔3m种一棵树，树池尺寸为0.5m×0.5m×0.7m，树池石的厚度为15cm，道路两侧均安砌石质侧石。

本题相关其他图有图1-7～图1-14，钢筋每米长度质量计算见表1-1。

钢筋每米长度质量计算表   表1-1

直径(mm)	6	8	10	12	14	16	18
质量(kg/m)	0.222	0.396	0.617	0.888	1.208	1.580	1.998
直径(mm)	20	22	24	26	28	30	32
质量(kg/m)	2.466	2.980	3.551	3.850	4.833	5.549	6.310

经分析可得某道路新建改建工程分部分项工程项目汇总表，见表1-2。

某道路新建改建工程分部分项工程项目汇总表　　　　表 1-2

工程名称：某道路新建改建工程

序　号	项目编码	项目名称
1	040801001	拆除路面
2	040801002	拆除基层
3	040801003	拆除人行道
4	040801004	拆除侧缘石
5	040801008	伐树、挖树蔸
6	040801007	拆除混凝土结构
7	040203004	沥青混凝土路面
8	040202006	石灰、粉煤灰、碎石基层
9	040202010	碎石底层
10	040204001	人行道块料铺设
11	040202002	石灰稳定土基层
12	040204003	安砌侧(半缘)石
13	040204006	树池砌筑
14	040201014	盲沟
15	040203005	水泥混凝土路面
16	040202009	卵石底层
17	040202004	石灰、粉煤灰、土基层
18	040101001	挖一般土方
19	040103001	填方
20	040103002	余方弃置
21	040103003	缺方内运
22	040203003	黑色碎石路面
23	040202005	石灰、碎石、土基层
24	040202008	砂砾石底层
25	040305002	现浇混凝土挡土墙墙身
26	040305001	挡土墙基础
27	040304002	浆砌块料
28	040701002	非预应力钢筋

1.2　工程图纸识读

1) 道路工程施工图主要是由道路平面图、纵断面图、横断面图、交叉口竖向设计图及路面结构图等组成。

道路工程施工图的主要特点：道路平面图是在地形图上画出的道路水平投影，它表达了道路的平面位置。道路纵断面图是用垂直剖面沿着道路中心线将路线剖开而画出的断面图，它表达道路的竖向位置。道路横断面图是在设计道路的适当位置上按垂直路线方向截断而画出的横断面图，它表达道路的横断面设计情况。

2）图 1-1～图 1-14 为某市道路新建工程图，共有 14 幅图。其中包括道路平面图 1 幅、路面结构图 1 幅、道路断面图 10 幅、配筋图 2 幅以及其他小部位详图等。

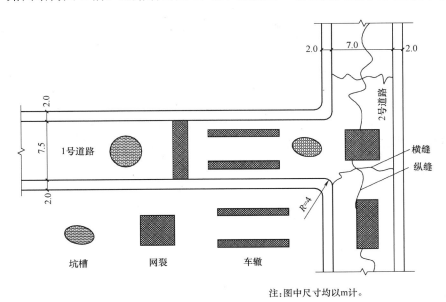

注：图中尺寸均以m计。

图 1-1　旧路示意图

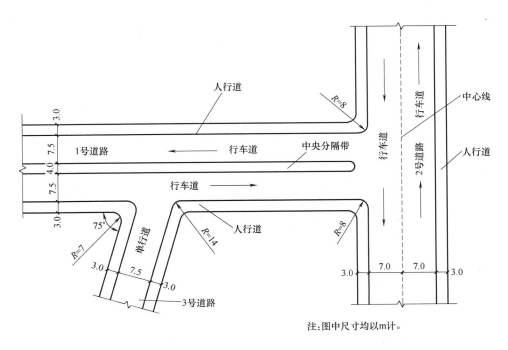

注：图中尺寸均以m计。

图 1-2　新路结构示意图

图 1-1 为旧路示意图，属于道路平面图，平面图直观地表达了道路的基本情况，从图中可以看出 1 号道路与 2 号道路相交，附属工程有人行道、侧平石，并且道路出现很多横缝、纵缝以及车辙。城市道路工程的主体是机动车道。1 号道路和 2 号道路均为单向道，1 号道路宽为 7.5m，人行道宽为 $2.0 \times 2m = 4.0m$；2 号道路宽为 7.0m，人行道宽为 $2.0 \times 2m = 4.0m$。1 号道路和 2 号道路正交，有交叉口的路段路面面积应包括转弯处增加的面积，一般交叉口的两侧计算至转弯圆弧的切点断面。图中已经标注转弯处的半径为 4m。

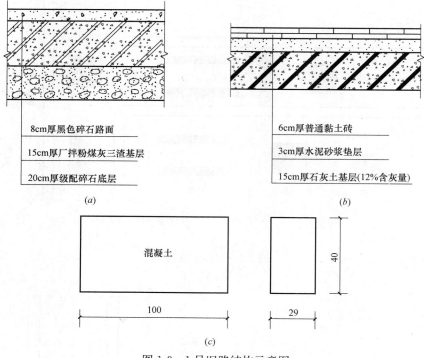

图 1-3　1 号旧路结构示意图
（a）行车道结构图；（b）人行道结构图；（c）侧石大样图

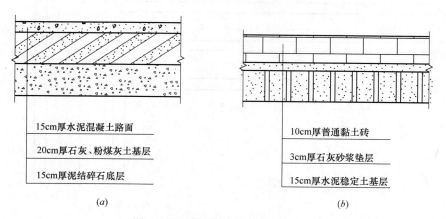

图 1-4　2 号旧路结构示意图（一）
（a）行车道结构图；（b）人行道结构图

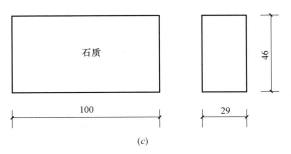

(c)

图 1-4　2 号旧路结构示意图（二）

（c）侧石大样图

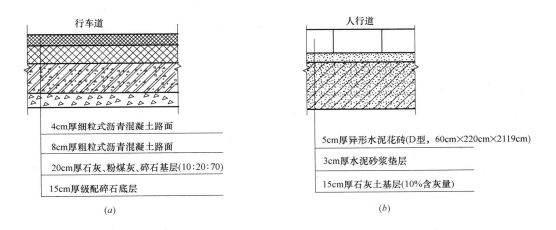

图 1-5　1 号新路结构示意图

（a）行车道剖面图；（b）人行道剖面图

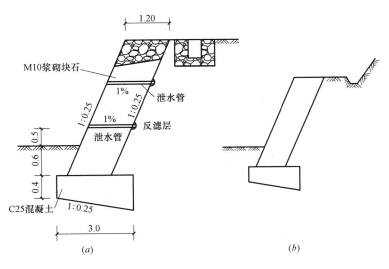

图 1-6　重力式挡土墙示意图

（a）挡土墙构造示意图；（b）挡土墙位置示意图

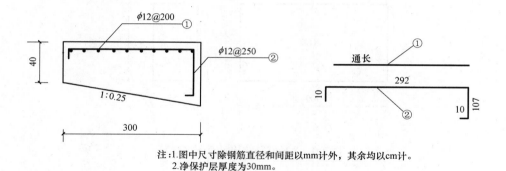

注:1.图中尺寸除钢筋直径和间距以mm计外，其余均以cm计。
2.净保护层厚度为30mm。

图 1-7　重力式挡土墙基础配筋图

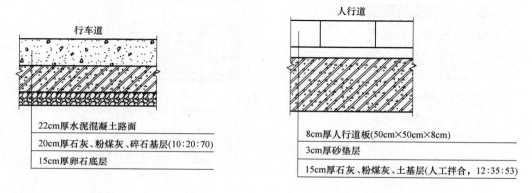

行车道

22cm厚水泥混凝土路面

20cm厚石灰、粉煤灰、碎石基层(10:20:70)

15cm厚卵石底层

人行道

8cm厚人行道板(50cm×50cm×8cm)

3cm厚砂垫层

15cm厚石灰、粉煤灰、土基层(人工拌合，12:35:53)

图 1-8　2号新路结构示意图

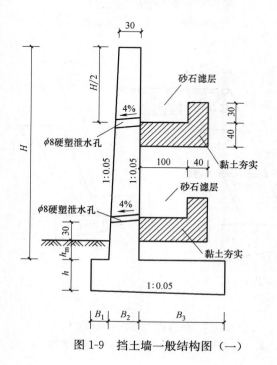

图 1-9　挡土墙一般结构图（一）

6

H	150	250	350	450	550
B	150	200	250	310	360
B_1	30	30	30	30	30
B_2	38	43	48	53	58
B_3	82	127	172	227	272
h	40	40	45	50	50
V(m)	1.09	1.68	2.46	3.42	4.26

说明：1.本图尺寸除注明外均以cm计。

2.设计荷载为城－B级。

3.墙后填土为砂性土，其重度为18kN/m，内摩擦角大于35°，填土按相关规范施工。

4.混凝土强度等级为C25。

5.地基土重度为18kN/m，内摩擦角大于35°，基地摩擦系数大于0.35，容许承载力大于250kPa，不符合要求时需要加固措施。

6.泄水孔距地面式常水位以上30cm，水平间距为2.5cm，墙高大于3cm时，中间加设一排，与下排错位布置。

7.原则上挡土墙沉降缝间距为10cm，但地质条件突变应增设，沉降缝宽2cm，用填缝料填充。

8.挡土墙施工顶部时，注意其他构件的类型。

9. h_m=0.5m。

10.挡土墙高度最大尺寸为550cm，如实际高度超过550cm，则地基另行处理。

图 1-9　挡土墙一般结构图（二）

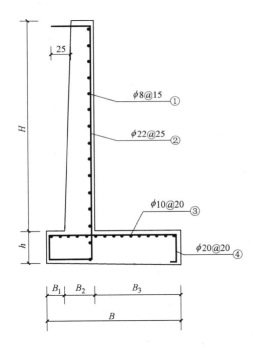
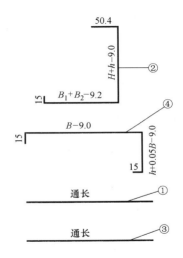

说明：1.本图尺寸除钢筋直径以mm计外，其余均以cm计。

2.净保护层厚度为35mm。

图 1-10　挡土墙配筋图

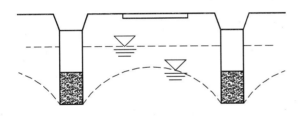
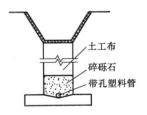

图 1-11　1号新路盲沟构造示意图

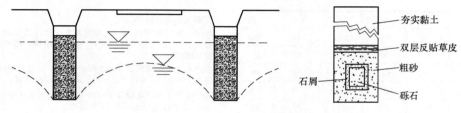

图 1-12　2 号新路盲沟构造示意图

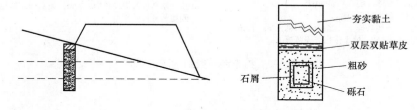

图 1-13　3 号新路盲沟构造示意图

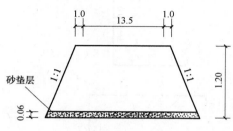

图 1-14　3 号新路路基断面示意图（m）

机动车道按照结构组成可分为两大部分：由土体修筑的部分称为路基，在路基之上采用工程材料由人工或机械铺筑的部分称为路面。由道路的结构图首先可以看出道路的结构组成。

结构层次：

为了更好地发挥材料的使用性能，提高道路的使用品质，降低道路的工程造价；道路工程通常都是分层铺筑的层状体系结构。从上到下依次为面层、基层、垫层、土基。面层、基层、垫层合称为路面。

（1）面层：面层是路面结构层的最上面一个层次，它直接同大气和车轮接触，受行车荷载的作用以及外界因素变化的影响很大。如图 1-3、图 1-4、图 1-5、图 1-8 所示，1 号旧路行车道路面采用 8cm 厚黑色碎石；2 号旧路行车道路面采用 15cm 水泥混凝土。1 号新路行车道路面采用 12cm 沥青混凝土。2 号新路行车道路面为 22cm 厚水泥混凝土。1 号旧路人行道路面采用 6cm 厚普通黏土砖，2 号旧路人行道路面采用的是 10cm 厚普通黏土砖，1 号新路人行道路面为 5cm 厚异型水泥花砖（D 型 60cm×220cm×219cm），2 号新路人行道路面为 8cm 厚人行道板（50cm×50cm×8cm）。

（2）基层：基层是路面结构层中的承重部分，主要承受车轮荷载的竖向力，并把由面层传下来的应力扩散到垫层或土基。因此，基层必须具有足够的强度和稳定性，同时应具有良好的扩散应力的性能。基层有时分两层铺筑，此时，上面一层仍称为基层，下面一层称为底基层。

1 号旧路行车道道路基层采用 15cm 厚厂拌粉煤灰三渣基层，2 号旧路行车道道路采用 20cm 厚石灰、粉煤灰土基层，1 号旧路和 2 号旧路人行道的基层采用的分别是石灰土基层（12% 含灰量）和水泥稳定土基层。1 号新路和 2 号新路人行道的基层采用的分别是石灰土基层（10％含灰量）和石灰、粉煤灰、土基层（人工拌合，12：35：53）。厚度均为 15cm。

（3）垫层：垫层是介于基层和土基之间的层次，起排水、隔水、防冻和防污等作用。能够调节和改善土基的水温状况，以保证面层和基层具有必要的强度、稳定性和抗冻胀能力，扩散由基层传来的荷载应力，减小土基产生的变形。因此，在一些路基水温状况不良或有冻胀的土基上，都应在基层之下加设垫层。1 号旧路行车道采用 20cm 厚级配碎石底层，2 号旧路行车道采用 15cm 厚泥结碎石底层，1 号新路行车道为 15cm 厚级配碎石底层，2 号新路行车道为 15cm 厚卵石底层。1 号旧路和 2 号旧路人行道分别采用的是 3cm 厚水泥砂浆垫层和 3cm 厚石灰砂浆垫层，1 号新路和 2 号新路人行道的垫层分别为 3cm 厚水泥砂浆和 3cm 厚砂垫层。

（4）土基：道路的基础，简称路基。是一种土工结构物，由填方或挖方修筑而成。路基必须满足压实度的要求。

侧石是铺设在道路两侧，用于区分车道、人行道、绿化带、分隔带的界石。在拆除工程中，拆除侧石的工程量为道路两侧的侧石工程量相加。1 号旧路侧石的材料为混凝土，尺寸为 100cm×40cm×13cm，2 号旧路为石质侧石，尺寸为 100cm×46cm×29cm，旧路每隔 3m 种一棵树，树池尺寸为 0.5m×0.5m×0.7m，树池石的厚度为 15cm。伐树按棵计量。

由图 1-14 路基断面示意图可以看出来，3 号道路路基的垫层为砂垫层，厚度为 0.06m，坡度比为 1：1，上表面宽为 15.5m。

挡土墙是设置于天然地面或人工坡面上，用以抵抗侧向土压力，防止墙后土体坍塌的支挡结构物。在道路工程中，它可以稳定路堤和路堑边坡，减少土方和占地面积，防止水流冲刷及避免山体滑坡、路基坍方等危害发生。

挡土墙按其结构形式可分为：重力式、衡重式、半重力式、锚杆式、垛式、扶壁式等。

挡土墙的构造：常用的石砌挡土墙一般由基础、墙身、排水设施、沉降缝等组成。

（1）基础：挡土墙的基础是挡土墙安全、稳定性的关键，一般土质地基可采用石砌或现浇混凝土扩大基础。

（2）墙身：挡土墙的墙身是挡土墙的主体结构。当材料为石砌或混凝土时，墙身断面形式按照墙背的倾斜方向分为：仰斜、垂直、俯斜、折线、衡重等几种形式。

（3）排水系统：挡土墙墙后排水是十分重要的工作，为了迅速排出墙背土体的积水，在墙身的适当位置处设置一排或数排泄水孔。泄水孔的大小尺寸可视墙背泄水孔的大小，常采用 5cm×10cm 或 10cm×10cm 的矩形或圆形孔。泄水孔横竖间距，一般为 2～3m，上下排泄水孔应交错布置。为保证泄水顺畅，避免墙外雨水倒灌，泄水孔应布置成向墙面倾斜，并设成 2％～4％的泄水坡度。

（4）沉降与伸缩缝：为了防止墙身因地基不均匀沉降而引起的断裂，需设沉降缝。为防止砌体硬化收缩和温度与湿度变化所引起的开裂，需设伸缩缝。

由重力式挡土墙示意图和重力式挡土墙基础配筋图可知挡土墙上部宽为 1.20m，基础宽为 3.0m，基础采用 C25 混凝土，基础坡度与挡土墙坡度比为 1：0.25。

挡土墙中设置有排水管和反滤管，坡度均为 1％。重力式挡土墙基础宽度方向的配筋为 $\phi12@200$，长度方向的配筋为 $\phi12@250$。

由挡土墙一般结构图（图 1-9）和挡土墙配筋图（图 1-10）可知，挡土墙上部宽 0.3m，挡土墙坡度和挡土墙基础坡度比为 1：0.05，挡土墙基础宽度方向的钢筋是 $\phi20@20$，长度方向的钢筋为 $\phi10@20$，挡土墙上部钢筋为 $\phi8@15$、$\phi22@25$。

挡土墙的配筋详情可以参考表 1-1。

图 1-11～图 1-13 所示分别为 1 号、2 号、3 号新路的盲沟构造示意图。

盲沟：指的是在路基或地基内设置的充填碎、砾石等粗粒材料并铺以倒滤层（有的其中埋设透水管）的排水、截水暗沟。盲沟又叫暗沟，是一种地下排水渠道，用以排除地下水，降低地下水位。

盲沟的作用：盲沟是为了排水。用于在一些要求排水良好的活动场地，如体育馆地下水位高，影响植物生长，可以用盲沟。

盲沟主要有塑料盲沟（常用于隧道、地下工程排水）和级配砂（碎）石排水盲沟（常用于路基、道路绿化带排水）等。

从构造图中可以看出，1 号新路的盲沟由土工布、碎砾石和带孔塑料管组成。2 号新路和 3 号新路的盲沟结构组成相同，为夯实黏土，双层反贴草皮，粗砂以及砾石。

1.3　工程量计算规则

1.3.1　定额工程量计算规则

《全国统一市政工程预算定额》是完成规定计量单位分项工程所需的人工、材料、施工机械台班的消耗量标准；是统一全国市政工程预算工程量计算规则、项目划分、计量单位的依据；是编制市政工程地区单位估价表、编制概算定额及投资估算指标、编制招标工程标底、确定工程造价的基础。

1. 拆除工程

拆除旧路及人行道按实际拆除面积以 m^2 计算。

拆除侧缘石及各类管道按长度以 m 计算。

拆除构筑物及障碍物按体积以 m^3 计算。

伐树、挖树按实挖数菀以棵计算。

2. 道路面层

道路工程沥青混凝土、水泥混凝土及其他类型路面工程量以设计长乘以设计宽计算（包括转弯面积），不扣除各类井所占面积。

道路面层按设计图所示面积（带平石的面层应扣除平石面积）以 m^2 计算。

3. 道路基层

道路工程路基应按设计车行道宽度另计两侧加宽值，加宽值的宽度由各省、自治区、直辖市自行确定。

道路工程石灰土、多合土养生面积，按设计基层、顶层的面积计算。

道路基层计算不扣除各种井所占的面积。

道路工程的侧缘（平）石、树池等项目以延长米计算，包括各转弯处的弧形长度。

4. 人行道侧缘石及其他

人行道板、异形彩色花砖安砌面积按实铺面积计算。

5. 土石方工程

本定额的土、石方体积均以天然密实体积（自然方）计算，回填土按碾压后的体积（实方）计算。土方体积换算见表 1-3。

土方体积换算表　　　　　　　　　　表 1-3

虚方体积	天然密实度体积	夯实后体积	松填体积
1.00	0.77	0.67	0.83
1.30	1.00	0.87	1.08
1.50	1.15	1.00	1.25
1.20	0.92	0.80	1.00

1.3.2　清单工程量计算规则

见表 1-4。

某道路改建清单工程量计算规则　　　　　　表 1-4

序号	项目编码	项目名称	工程量计算规则
1			
2			按拆除部位以面积计算
3			
4			按拆除部位以延长米计算
5			以棵计算
6			按拆除部位以体积计算
7			按设计图示尺寸以面积计算,不扣除各种井所占面积,带平石的面层应扣除平石所占面积
8			按设计图示尺寸以面积计算,不扣除各类井所占面积
9			按设计图示尺寸以面积计算,不扣除各类井所占面积
10			按设计图示尺寸以面积计算,不扣除各类井所占面积,但应扣除侧石、树池所占面积
11			按设计图示尺寸以面积计算,不扣除各类井所占面积
12			按设计图示中心线长度计算
13			按设计图示数量计算

序号	项目编码	项目名称	工程量计算规则
14			按设计图示以长度计算
15			按设计图示尺寸以面积计算,不扣除各种井所占面积,带平石的面层应扣除平石所占面积
16			按设计图示尺寸以面积计算,不扣除各类井所占面积
17			按设计图示尺寸以面积计算,不扣除各类井所占面积
18			按设计图示尺寸以体积计算
19			1. 按挖方清单项目工程量加原地面线至设计要求标高间的体积,减基础、构筑物等埋入体积计算 2. 按设计图示尺寸以体积计算
20			按挖方清单项目工程量减利用回填方体积(正数)计算
21			按设计图示尺寸以面积计算,不扣除各种井所占面积,带平石的面层应扣除平石所占面积
22			按设计图示尺寸以面积计算,不扣除各类井所占面积
23			按设计图示尺寸以面积计算,不扣除各类井所占面积
24			按设计图示尺寸以体积计算
25			按设计图示尺寸以体积计算
26			按设计图示尺寸以体积计算
27			按图示尺寸以质量计算

1.4 工程算量讲解部分

【解】 一、交叉口增加的面积

（一）旧路

1 号道路与 2 号道路相交（正交）

1）计算理论

无交叉口的路段路面面积＝设计宽度×路中心线设计长度。有交叉口的路段路面面积应包括转弯处增加的面积，一般交叉口的两侧计算至转弯圆弧的切点断面。

此道路是正交的，由图 1-1 可知两个转角处增加的面积相等（半径均为 4m），则计算公式为

$$A = R^2 - \frac{1}{4}R^2\pi = R^2\left(1 - \frac{1}{4}\pi\right) = 0.2146R^2$$

注：增加面积＝正方形面积$-\frac{1}{4}$圆的面积。

2）计算结果

由 1）可知一个转角处增加的面积计算公式如下：

$A = 0.2146R^2 = 0.2146 \times 4^2 \text{m}^2 = 3.43\text{m}^2$

则两个转角处增加的面积为 $2A = 3.43 \times 2\text{m}^2 = 6.86\text{m}^2$

（二）新路

1. 1 号道路与 2 号道路相交（正交）

1）计算理论

与旧路中 1 号道路与 2 号道路相交计算理论相同，仅转弯半径发生了变化，故计算理论在此就不再重复。

2）计算结果

由新路结构示意图（图 1-2）可知转弯半径 $R = 8\text{m}$，则转变处增加的面积为

$2A = 2 \times 0.2146 \times 8^2 \text{m}^2 = 27.47\text{m}^2$

2. 1 号道路与 3 号道路相交（斜交）

1）计算理论

路面面积计算的一般方法如下：

无交叉口的路段路面面积＝设计宽度×路中心线设计长度，有交叉口的路段路面面积应包括转弯处增加的面积。一般交叉口的面侧计算至转弯圆弧的切点断面。

此 1 号道路与 3 号道路斜交，如图 1-2 所示。

交叉口面积的计算公式：

半径为 R_1 处转弯处增加的面积（阴影部分）：

$$A_1 = R_1^2 \left[\tan \frac{180° - a}{2} - (180° - a)\pi/360 \right] \approx R_1^2 \left[\cot(a/2) - 0.00873(180° - a) \right]$$

半径为 R_2 处转弯处增加的面积（阴影部分）：

$$A_2 = R_2^2 \left[\tan \frac{a}{2} - a\pi/360 \right] \approx R_2^2 \left[\tan \frac{a}{2} - 0.00873a \right]$$

图中两个转弯处的面积为 $A = A_1 + A_2$

2）计算结果

1 号道路与 3 号道路相交（斜交）增加的面积为：

$A = A_1 + A_2$

$$= R_1^2 \left[\cot \frac{a}{2} - 0.00873(180° - a) \right] + R_2^2 \left[\tan \frac{a}{2} - 0.00873a \right]$$

$$= \left\{ 7^2 \times \left[\cot\left(\frac{75°}{2}\right) - 0.00873 \times (180° - 75°) \right] + 14^2 \times \left[\tan(75°/2 - 0.00873 \times 75°) \right] \right\}\text{m}^2$$

$$= 41.01\text{m}^2$$

二、1 号道路（桩号为 K0＋000～K1＋200）

（一）旧路拆除

1. 清单工程量

1）拆除路面

拆除 8cm 厚黑色碎石路面工程量：$7.5 \times 1200\text{m}^2 = 9000\text{m}^2$

2）拆除基层（包括行车道和人行道基层）

拆除 15cm 厚厂拌粉煤灰三渣基层工程量：$7.5 \times 1200 \text{m}^2 = 9000 \text{m}^2$

拆除 20cm 厚级配碎石底层工程量：$7.5 \times 1200 \text{m}^2 = 9000 \text{m}^2$

拆除 15cm 厚石灰土基层（12％含灰量）工程量：$2 \times 2.0 \times 1200 \text{m}^2 = 4800 \text{m}^2$

3）拆除人行道

拆除 6cm 厚普通黏土砖工程量：$2 \times 2.0 \times 1200 \text{m}^2 = 4800 \text{m}^2$

4）拆除侧缘石

拆除侧混凝土石工程量的长度：$2 \times 1200 \text{m} = 2400 \text{m}$

5）伐树、挖树兜（旧路每隔 3m 种一棵树）

伐树、挖树兜工程量：$2 \times (1200/3 + 1)$ 棵 $= 802$ 棵

6）拆除混凝土结构（树池尺寸 0.5m×0.5m×0.7m，树池石的厚度为 15cm）

拆除树池石工程量：$[0.5 \times 0.5 - (0.5 - 0.15)^2] \times 0.7 \times (1200/3 + 1) \times$
$$2\text{m}^3 = 71.58 \text{m}^3$$

2. 定额工程量

1）旧路拆除

（1）拆除路面

拆除黑色碎石路面：

人工拆除沥青柏油类面层（厚 8cm）：$7.5 \times 1200 \text{m}^2 = 9000 \text{m}^2$

（2）拆除基层（包括行车道和人行道基层）

① 拆除 15cm 厚厂拌粉煤灰三渣基层：

人工拆除无骨料多合土基层（厚 10cm）：$(7.5 + 0.3 \times 2) \times 1200 \text{m}^2 = 9720 \text{m}^2$

人工拆除无骨料多合土基层（增 5cm）：$(7.5 + 0.3 \times 2) \times 1200 \text{m}^2 = 9720 \text{m}^2$

② 拆除 20cm 级配碎石基层：

人工拆除碎石基层（厚 15cm）：$(7.5 + 0.3 \times 2) \times 1200 \text{m}^2 = 9720 \text{m}^2$

人工拆除碎石基层（增 5cm）：$(7.5 + 0.3 \times 2) \times 1200 \text{m}^2 = 9720 \text{m}^2$

③ 拆除 15cm 厚石灰土基层（12％含灰量）：

人工拆除无骨料多合土基层（厚 10cm）：$(2 \times 2.0 + 0.3 \times 2) \times 1200 \text{m}^2 = 5520 \text{m}^2$

人工拆除无骨料多合土基层（增 5cm）：$(2 \times 2.0 + 0.3 \times 2) \times 1200 \text{m}^2 = 5520 \text{m}^2$

（3）拆除人行道

拆除 6cm 厚普通黏土砖（平铺）：$2.0 \times 2 \times 1200 \text{m}^2 = 4800 \text{m}^2$

（4）拆除侧缘石

拆除混凝土侧石：$2 \times 1200 \text{m} = 2400 \text{m}$

（5）伐树、挖树兜（每隔 3m 种一棵树）

伐树，离地面 20cm 处树干直径 40mm 以内：

$2 \times (1200/3 + 1)$ 棵 $= 802$ 棵

挖树兜，离地面 20cm 处树干直径 40mm 以内：

$2 \times (1200/3 + 1)$ 棵 $= 802$ 棵

（6）拆除混凝土结构（树池尺寸 0.5m×0.5m×0.7m，树池石的厚度为 15cm）

机械拆除混凝土类障碍物（无筋）：$[0.5 \times 0.5 - (0.5 - 0.15)^2] \times 0.7 \times (1200/3 + 1) \times 2m^3 = 71.58m^3$

2）工程量清单综合单价分析表见表 1-9～表 1-16

（二）旧路的重建

1. 清单工程量

1）4cm 厚细粒式沥青混凝土路面工程量

$7.5 \times 2 \times 1200m^2 = 18000m^2$

2）8cm 厚粗粒式沥青混凝土路面工程量

$7.5 \times 2 \times 1200m^2 = 18000m^2$

3）20cm 厚石灰、粉煤灰、碎石基层工程量

$7.5 \times 2 \times 1200m^2 = 18000m^2$

4）15cm 厚碎石底层工程量

$7.5 \times 2 \times 1200m^2 = 18000m^2$

5）人行道块料铺设工程量

$3.0 \times 2 \times 1200m^2 = 7200m^2$

6）15cm 厚石灰土基层（12％的含灰量）工程量

$3.0 \times 2 \times 1200m^2 = 7200m^2$

7）侧缘石安砌工程量

$2 \times 1200m = 2400m$

8）树池砌筑（树池尺寸为 0.7m×0.7m×0.8m，每隔 5m 一个）工程量

$2 \times (1200/5 + 1)$ 个 $= 482$ 个

9）盲沟工程量

$2 \times 1200m = 2400m$

2. 定额工程量

1）行车道

（1）4cm 厚细粒式沥青混凝土路面

机械摊铺细粒式沥青混凝土路面（厚 3cm）：$7.5 \times 2 \times 1200m^2 = 18000m^2$

机械摊铺细粒式沥青混凝土路面（增 1cm）：$7.5 \times 2 \times 1200m^2 = 18000m^2$

机动翻斗车运输细粒式沥青混凝土（运距 200m）：$18000 \times 0.04m^3 = 720m^3$

机动翻斗车运输细粒式沥青混凝土（运距增 400m）：$18000 \times 0.04m^3 = 720m^3$

（2）8cm 厚粗粒式沥青混凝土路面

机械摊铺粗粒式沥青混凝土路面（厚 6cm）：$7.5 \times 2 \times 1200m^2 = 18000m^2$

机械摊铺细粒式沥青混凝土路面（增 2cm）：$7.5 \times 2 \times 1200m^2 = 18000m^2$

机动翻斗车运输沥青混凝土（运距 200m）：$18000 \times 0.08m^3 = 1440m^3$

机动翻斗车运输沥青混凝土（运距增 600m）：$18000 \times 0.08m^3 = 1440m^3$

（3）20cm 厚石灰、粉煤灰、碎石基层

拌合机拌合石灰、粉煤灰、碎石基层（厚 20cm，10：20：70）：

$(7.5×2＋0.3×2)×1200m^2＝18720m^2$

顶层多合土洒水车洒水养生：$(7.5×2＋0.3×2)×1200m^2＝18720m^2$

（4）15cm厚碎石底层

人机配合铺装碎石底层（厚15cm）：$(7.5×2＋0.3×2)×1200m^2＝18720m^2$

2）人行道

（1）人行道块料铺设

5cm厚异形彩色花砖安砌（D型砖，1∶3水泥砂浆垫层）：$3.0×2×1200m^2＝7200m^2$

（2）15cm厚石灰土基层

人工拌合，石灰土基层（厚15cm，12％含灰量）：

$(3.0×2＋0.3×2)×1200m^2＝7920m^2$

顶层多合土人工洒水养生：$(3.0×2＋0.3×2)×1200m^2＝7920m^2$

3）侧石及其他

（1）侧缘石安砌

人工铺装侧缘石（3cm厚混凝土垫层）：$2×1200×0.13×0.03m^3＝9.36m^3$

混凝土侧石安砌（立缘石，每块长50cm）：$2×1200m＝2400m$

（2）树池砌筑（0.7m×0.7m×0.8m）

砌筑混凝土块树池（25cm×5cm×12.5cm）：$2×(1200/5＋1)$个$＝482$个

$4×0.7×482m＝1349.60m$

（3）盲沟

路基盲沟（滤管盲沟，$\phi30$）：$2×1200m＝2400m$

4）工程量清单综合单价分析表见表1-17～表1-25

三、2号道路（桩号为K0＋150～K0＋960）

（一）旧路的拆除

1. 清单工程量

1）拆除路面

拆除15cm厚水泥混凝土路面工程量：$[6.86＋7.0×(960－150)]m^2＝5676.86m^2$

2）拆除基层（包括行车道和人行道）

拆除20cm厚石灰、粉煤灰、土基层工程量：$[6.86＋7.0×(960－150)]m^2＝5676.86m^2$

拆除15cm厚水泥稳定土基层工程量：$2.0×2×(960－150)m^2＝3240m^2$

拆除15cm厚泥结碎石底层工程量：$[6.86＋7.0×(960－150)]$ $m^2＝5676.86m^2$

3）拆除人行道

拆除10cm厚普通黏土砖工程量：$2.0×2×(960－150)m^2＝3240m^2$

4）拆除侧缘石

拆除石质侧石工程量：$2×(960－150)m＝1620m$

5）伐树、挖树兜（每隔3m种一棵树）

伐树、挖树兜工程量：$2×[(960－150)/3＋1]$棵$＝542$棵

6）拆除混凝土结构（树池尺寸0.5m×0.5m×0.7m，树池石的厚度为15cm）

拆除树池石的工程量：

$[0.5×0.5−(0.5−0.15)^2]×0.7×[(960−150)/3+1]×$

$2m^3=48.37m^3$

2. 定额工程量

1）拆除路面

拆除水泥混凝土路面：

人工拆除混凝土类路面层（厚15cm，无筋）：$[6.86+7.0×(960−150)]m^2=5676.86m^2$

2）拆除基层（包括行车道和人行道）

（1）拆除20cm厚石灰、粉煤灰、土基层

人工拆除石灰、粉煤灰、土基层（无骨料多合土，厚10cm）：

$[6.88+7.0+0.3×2×(960−150)]m^2=6162.86m^2$

人工拆除石灰、粉煤灰、土基层（无骨料多合土，增10cm）：

$[6.86+(7.0+0.3×2)×(960−150)]m^2=6162.86m^2$

（2）拆除15cm厚水泥稳定土基层

人工拆除水泥稳定土基层（无骨料多合土，厚10cm）：

$(2.0×2+0.3×2)×(960−150)m^2=3726m^2$

人工拆除水泥稳定土基层（无骨料多合土，增5cm）：

$(2.0×2+0.3×2)×(960−150)m^2=3726m^2$

（3）拆除15cm厚泥结碎石底层

人工拆除碎石基层（厚15cm）：$[6.86+(7.0+0.3×2)×(960−150)]m^2=6162.86m^2$

3）拆除人行道

拆除10cm厚，普通黏土砖（侧铺）：$2.0×2×(960−150)m^2=3240m^2$

4）拆除侧缘石

拆除石质侧石：$2×(960−150)m=1620m$

5）伐树、挖树蔸

伐树，离地面20cm处树干直径30cm内：

$2×[(960−150)/3+1]$棵$=542$棵

挖树蔸，离地面20cm处直径30cm内：

$2×[(960−150)/3+1]$棵$=542$棵

6）拆除混凝土结构（树池尺寸为0.5m×0.5m×0.7m，树池石的厚度为15cm）

人工拆除混凝土类障碍物（无筋）：

$[0.5×0.5−(0.5−0.15)^2]×0.7×[(960−150)/3−1]×2m^3=48.37m^3$

7）工程量清单综合单价分析表见表1-26~表1-33

（二）旧路的重建

1. 清单工程量

1）22cm厚水泥混凝土路面工程量：

$[27.47+7.0×2×(960−150)]m^2=11367.47m^2$

2）20cm 厚石灰、粉煤灰、碎石基层工程量：

[27.47＋7.0×2×（960－150）] m² ＝11367.47m²

3）15cm 厚卵石底层工程量：

[27.47＋7.0×2×（960－150）] m² ＝11367.47m²

4）15cm 厚石灰、粉煤灰土基层工程量：

3.0×2×（960－150）m² ＝4860m²

5）8cm 厚人行道工程量：

3.0×2×（960－150）m² ＝4860m²

6）安砌侧缘石工程量：

2×（960－150）m＝1620m

7）树池砌筑（树池尺寸为 0.7m×0.7m×0.8m，每隔 5m 一个）工程量：

2×[（960－50）/5＋1]个＝326 个

（8）盲沟工程量：

（960－150）×2m＝1620m

2. 定额工程量

1）行车道

（1）22cm 厚水泥混凝土路面

C25 水泥混凝土路面（厚 22cm）：

[27.47＋7.0×2×（960－150）] m² ＝11367.47m²

水泥混凝土路面养生（草袋养护）：

[27.47＋7.0×2×（960－150）] m² ＝11367.47m²

人工切缝沥青玛瑞脂：

（960－150）×0.22×3m² ＝534.6m²

锯缝机锯缝：

[（960－150）/5－1]×14m＝2254m

（2）20cm 厚石灰、粉煤灰、碎石基层

拌合机拌合石灰、粉煤灰、碎石基层（厚 20cm，10：20：70）：

[27.47＋（7.0×2＋0.3×2）×（960－150）]m² ＝11853.47m²

顶层多合土洒水养生：

[27.47＋（7.0×2＋0.3×2）×（960－150）]m² ＝11853.47m²

（3）15cm 厚卵石底层

人工铺装卵石底层（厚 15cm）：

[27.47＋（7.0×2＋0.3×2）×（960－150）]m² ＝11853.47m²

2）人行道

（1）8cm 厚人行道板

人行道板安砌（砂垫层，50cm×50cm×8cm）：

3.0×2×（960－150）m² ＝4860m²

（2）15cm 厚石灰、粉煤灰、土基层

人工拌合，石灰、粉煤灰、土基层（厚 15cm，12∶35∶53）：

$(3.0 \times 2 + 0.3 \times 2) \times (960 - 150) \text{m}^2 = 5346 \text{m}^2$

顶层多合土洒水车洒水养生：

$(3.0 \times 2 + 0.3 \times 2) \times (960 - 150) \text{m}^2 = 5346 \text{m}^2$

3）侧石及其他

（1）侧缘石安砌

人工铺装侧缘石（3cm 厚石灰土垫层）：

$2 \times (960 - 150) \times 0.13 \times 0.03 \text{m}^3 = 6.32 \text{m}^3$

混凝土侧石安砌（立缘石，每块长 50cm）：

$2 \times (960 - 150) \text{m} = 1620 \text{m}$

（2）树池砌筑（0.7m×0.7m×0.8m）

砌筑混凝土块树池（25cm×5cm×12.5cm）：

$2 \times [(960 - 150)/5 + 1]$ 个 $= 326$ 个

$326 \times 0.7 \times 4 \text{m} = 912.80 \text{m}$

（3）盲沟

路基盲沟（砂石盲沟，40cm×40cm）：

$2 \times (960 - 150) \text{m} = 1620 \text{m}$

4）工程量清单综合单价分析表见表 1-34～表 1-41

四、3 号道路（桩号为 K0＋100～K2＋700）

（一）土石方工程

1. 清单工程量

道路纵断面图标高数据见表 1-5。

道路纵断面图标高数据　　　　　　　　　　　　　　　　　表 1-5

桩号	K0+100	K0+130	K0+160	K0+190	K0+220	K0+250	K0+280	K0+310	K0+340
路基设计标高(m)	56.14	56.72	57.01	57.24	57.92	58.04	58.36	58.65	58.88
原地面标高(m)	52.94	52.41	53.45	52.94	53.71	54.22	54.49	54.78	54.64
路面设计标高(m)	56.64	57.22	57.51	57.74	58.42	58.54	58.86	59.25	59.38
桩号	K0+370	K0+400	K0+430	K0+460	K0+490	K0+520	K0+550	K0+580	K0+610
路基设计标高(m)	58.92	59.14	59.32	59.46	59.57	59.84	60.05	60.18	60.22
原地面标高(m)	57.13	57.42	58.09	59.21	58.94	58.03	59.12	60.11	59.13
路面设计标高(m)	59.42	59.64	59.82	59.96	60.07	60.34	60.55	60.68	60.72
桩号	K0+640	K0+670	K0+700	K0+730	K0+760	K0+790	K0+820	K0+850	K0+880
路基设计标高(m)	60.29	60.34	59.83	58.72	59.04	59.47	60.13	59.77	60.23
原地面标高(m)	58.13	60.14	60.28	60.03	61.03	61.98	61.47	57.21	58.43
路面设计标高(m)	60.79	60.84	60.53	59.22	59.54	59.97	60.63	60.27	60.73
桩号	K0+910	K0+940	K0+970	K1+000	K1+030	K1+060	K1+090	K1+120	K1+150
路基设计标高(m)	60.01	60.42	59.98	59.77	59.76	59.88	59.90	60.05	60.23
原地面标高(m)	58.03	58.13	59.46	61.16	60.37	61.04	63.42	61.23	59.79
路面设计标高(m)	60.51	60.92	60.48	60.37	60.26	60.38	60.40	60.51	60.73

续表

桩号	K1+180	K1+210	K1+240	K1+270	K1+300	K1+330	K1+360	K1+390	K1+420
路基设计标高(m)	59.98	59.76	59.83	59.90	60.01	60.23	60.42	60.57	60.60
原地面标高(m)	60.02	60.34	58.72	58.98	60.92	61.03	61.42	59.99	60.02
路面设计标高(m)	60.48	60.26	60.33	60.40	60.51	60.73	60.92	61.07	61.10
桩号	K1+450	K1+480	K1+510	K1+540	K1+570	K1+600	K1+630	K1+660	K1+690
路基设计标高(m)	60.47	60.32	60.29	59.89	59.78	59.88	59.76	60.00	60.23
原地面标高(m)	59.46	60.84	61.23	62.47	61.98	62.36	62.74	62.56	63.92
路面设计标高(m)	60.97	60.82	60.79	60.39	60.28	60.38	60.26	60.50	60.73
桩号	K1+720	K1+750	K1+780	K1+810	K1+840	K1+870	K1+900	K1+930	K1+960
路基设计标高(m)	60.33	60.10	59.89	59.76	59.73	59.82	59.87	59.90	60.10
原地面标高(m)	64.05	64.26	63.84	64.06	64.98	63.72	64.06	64.71	63.82
路面设计标高(m)	60.83	60.60	60.39	60.26	60.23	60.32	60.37	60.40	60.60
桩号	K1+990	K2+020	K2+050	K2+080	K2+110	K2+140	K2+170	K2+200	K2+230
路基设计标高(m)	59.86	59.77	59.92	59.89	60.03	60.21	60.39	60.42	60.50
原地面标高(m)	64.31	63.99	64.74	63.19	62.97	63.48	62.88	62.03	57.96
路面设计标高(m)	60.36	60.27	60.42	60.39	60.53	60.71	60.89	60.92	61.00
桩号	K2+260	K2+290	K2+320	K2+350	K2+380	K2+410	K2+440	K2+470	K2+500
路基设计标高(m)	60.83	61.05	60.96	61.22	61.38	61.55	61.69	61.47	61.32
原地面标高(m)	59.78	60.26	61.32	60.21	60.78	60.83	61.02	62.03	62.47
路面设计标高(m)	61.53	61.55	61.46	61.72	61.88	61.85	62.19	61.97	61.82
桩号	K2+530	K2+560	K2+590	K2+620	K2+650	K2+680	K2+700		
路基设计标高(m)	61.18	61.07	60.93	60.57	60.52	60.66	60.88		
原地面标高(m)	60.26	60.32	61.04	61.36	59.96	59.78	59.87		
路面设计标高(m)	61.68	61.57	61.43	61.07	61.02	61.16	61.38		

1）道路路基土方工程量计算公式

$$r_1 = \frac{F_1+F_2}{2} \times l$$

式中　F_1，F_2——相邻两截面的截面面积（m²）；

　　　　l——相邻两截面间的距离（m）。

2）挖树土方量

$2 \times [(2700-100)/5+1]$ 棵 $=1042$ 棵

$r_1 = 0.7 \times 0.7 \times 0.8 \times 521 \times 2 \text{m}^3 = 408.46 \text{m}^3$

3）树坑填土工程量

$r_2 = r_1 = 0.7 \times 0.7 \times 0.8 \times 521 \times 2 \text{m}^3 = 408.46 \text{m}^3$

3 号道路路基土方工程量计算见表 1-6

4）挖一般土方工程量

42385.05m^3

5）填方工程量

28530.28m^3

6）余方弃置工程量

$(42385.05-28530.28) \text{m}^3 = 13854.77 \text{m}^3$

7）缺方内运工程量

408.46m^3（同树坑填土工程量）

3号道路路基土方工程量计算　　　　　　　　　　　表1-6

桩号	桩间距离(m)	挖(填)土深度(m)		挖(填)土宽度(m)	断面积(m²)		平均断面积(m²)		挖(填)土体积(m³)	
		填土	挖土		填土	挖土	填土	挖土	挖土	填土
K0+100		3.20		13.5	43.20					
	30						50.6925			1520.78
K0+130		4.31		13.5	58.185					
	30						53.1225			1593.68
K0+160		3.56		13.5	48.06					
	30						53.055			1591.65
K0+190		4.30		13.5	58.05					
	30						57.4425			1723.28
K0+220		4.21		13.5	56.835					
	30						54.2025			1626.08
K0+250		3.82		13.5	51.57					
	30						51.9075			1557.22
K0+280		3.87		13.5	52.245					
	30						52.245			1567.35
K0+310		3.87		13.5	52.245					
	30						54.7425			1642.28
K0+340		4.24		13.5	57.24					
	30						40.7025			1221.08
K0+370		1.79		13.5	24.165					
	30						23.6925			710.78
K0+400		1.72		13.5	23.22					
	30						19.9125			597.38
K0+430		1.23		13.5	16.605					
	30						9.99			299.70
K0+460		0.25		13.5	3.375					
	30						5.94			178.20
K0+490		0.63		13.5	8.505					
	30						16.47			494.10
K0+520		1.81		13.5	24.435					
	30						18.495			554.85
K0+550		0.93		13.5	12.555					
	30						6.75			202.50
K0+580		0.07		13.5	0.945					
	30						7.83			234.90
K0+610		1.09		13.5	14.715					
	30						21.9375			658.12
K0+640		2.16		13.5	29.16					
	30						15.93			477.90
K0+670		0.20		13.5	2.70					
	30						1.35	3.0375	40.5	91.12
K0+700			0.45	13.5		6.075				
	30							11.88		356.40
K0+730			1.31	13.5		17.685				
	30							22.275		668.25
K0+760			1.99	13.5		26.865				
	30							911.25		30.375
K0+790			2.51	13.5		33.885				
	30							779.62		25.9875
K0+820			1.34	13.5		18.09				
	30						17.28	9.045	518.40	271.35
K0+850		2.56		13.5	34.56					
	30						29.43			882.90
K0+880		1.80		13.5	24.30					
	30						25.515			765.45
K0+910		1.98		13.5	26.73					
	30						28.8225			864.68
K0+940		2.29		13.5	30.915					
	30						18.9675			569.02
K0+970		0.52		13.5	7.02					
	30						3.51	9.3825	105.30	218.48
K1+000			1.39	13.5		18.765				
	30							13.50		405
K1+030			0.61	13.5		8.235				
	30							11.9475		358.42
K1+060			1.16	13.5		15.66				
	30							31.59		947.70
K1+090			3.52	13.5		47.52				
	30							31.725		951.75
K1+120			1.18	13.5		15.93				
	30						2.97	7.965	89.10	238.95
K1+150		0.44		13.5	5.94					

续表

桩号	桩间距离(m)	挖(填)土深度(m) 填土	挖土	挖(填)土宽度(m) 填土	挖土	断面积(m)² 填土	挖土	平均断面积(m)² 填土	挖土	挖(填)土体积(m)³ 填土	挖土
K1+150		0.44		13.5		5.94		2.97	0.27	89.10	8.10
	30										
K1+180			0.04		13.5		0.54		4.185		125.55
	30										
K1+210			0.58		13.5		7.83	7.4925	3.915	224.78	117.45
	30										
K1+240		1.11		13.5		14.985		13.7025		411.08	
	30										
K1+270		0.92		13.5		12.42		6.21	6.1425	186.30	184.28
	30										
K1+300			0.91		13.5		12.285		11.5425		346.28
	30										
K1+330			0.80		13.5		10.80		12.15		364.50
	30										
K1+360			1.00		13.5		13.50	3.915	6.75	117.45	202.50
	30										
K1+390		0.58		13.5		7.83		7.83		234.90	
	30										
K1+420		1.58		13.5		7.83		10.325		321.98	
	30										
K1+450		0.10		13.5		13.635		6.8175	3.51	204.52	105.30
	30										
K1+480			0.52		13.5		7.02		9.855		295.65
	30										
K1+510			0.94		13.5		12.69		23.76		712.80
	30										
K1+540			2.58		13.5		34.83		32.265		967.95
	30										
K1+570			2.20		13.5		29.70		31.59		947.70
	30										
K1+600			2.48		13.5		33.48		36.855		1105.65
	30										
K1+630			2.98		13.5		40.23		37.395		1121.85
	30										
K1+660			2.56		13.5		34.56		42.1875		1265.62
	30										
K1+690			3.69		13.5		49.815		50.0175		1500.52
	30										
K1+720			3.72		13.5		50.22		53.19		1595.70
	30										
K1+750			4.16		13.5		56.16		54.7425		1642.28
	30										
K1+780			3.95		13.5		53.325		55.6875		1670.62
	30										
K1+810			4.30		13.5		58.05		64.4625		1933.88
	30										
K1+840			5.25		13.5		70.875		61.7625		1852.88
	30										
K1+870			3.90		13.5		52.65		54.6075		1638.22
	30										
K1+900			4.19		13.5		56.565		60.75		1822.50
	30										
K1+930			4.81		13.5		64.935		57.5775		1727.32
	30										
K1+960			3.72		13.5		50.22		55.1475		1654.42
	30										
K1+990			4.45		13.5		60.075		58.5225		1755.68
	30										
K2+020			4.22		13.5		56.97		61.02		1830.60
	30										
K2+050			4.82		13.5		65.07		54.81		1644.30
	30										
K2+080			3.30		13.5		44.55		42.12		1263.60
	30										
K2+110			2.94		13.5		39.69		41.9175		1257.52
	30										
K2+140			3.27		13.5		44.145		38.88		1166.40
	30										
K2+170			2.49		13.5		33.615				
	30								27.675		830.25
K2+200			1.61		13.5		21.735				

续表

桩号	桩间距离(m)	挖(填)土深度(m)		挖(填)土宽度(m)	断面积(m)²		平均断面积(m)²		挖(填)土体积(m)³	
		填土	挖土		填土	挖土	填土	挖土	挖土	填土
K2+230	30	2.54		13.5	34.29		17.145	10.8675	514.35	326.02
	30						24.2325			726.98
K2+260		1.05		13.5	14.175					
	30						12.42			372.60
K2+290		0.79		13.5	10.665					
	30						5.3325	2.43	159.98	72.90
K2+320			0.36	13.5		4.86				
	30						6.8175	2.43	204.52	72.90
K2+350		1.01		13.5	13.635					
	30						10.8675			326.02
K2+380		0.60		13.5	8.10					
	30						8.91			267.30
K2+410		0.72		13.5	9.72					
	30						9.3825			281.48
K2+440		0.67		13.5	9.045					
	30						4.5225	3.87	135.68	113.40
K2+470			0.56	13.5		7.56				
	30							11.5425		346.28
K2+500			1.15	13.5		15.525				
	30						6.21	7.7625	186.30	232.88
K2+530		0.92	13.5	12.42						
	30						11.2725			338.18
K2+560		0.75		13.5	10.125					
	30						5.0625	0.7425	151.88	22.28
K2+590			0.11	13.5		1.485				
	30							6.075		182.25
K2+620			0.79	13.5		10.665				
	30						3.78	5.3325	113.40	159.98
K2+650		0.56		13.5	7.56					
	30						9.72			291.60
K2+680		0.88		13.5	11.88					
	30						12.7575			382.72
K2+700	20	1.01		13.5	13.635					
合计									28530.28	42385.05

2. 定额工程量

1) 挖一般土方

人工挖土方（三类土）：42385.05m³

人工装土，机动翻斗车运土（运距200m）：42385.05m³

人工装土，机动翻斗车运土（运距增400m）：42385.05m³

2) 填方

填土碾压（拖式双筒单足碾75kW）：28530.28×1.15m³＝32809.82m³

路床碾压检验：(7.5＋0.3×2)×(2700－100)m²＝21060m²

人行道整形碾压：(3.0×2＋0.3×2)×(2700－100)m²＝17160m²

3) 余方弃置

人工装汽车土方：13854.77m³

自卸汽车运土（载重4.5t以内，运距13km以内）：

13854.77×1.1m³＝15240.25m³

4) 缺方内运

自行铲运机铲运土方（运距700m以内，8～10m³，三类土）：408.46m³

工程量清单综合单价分析表见表1-42～表4-45。

（二）道路工程

1. 清单工程量

1）10cm厚黑色碎石路面工程量：

$[41.01+7.5\times(2700-100)]$ m² = 19541.01m²

2）20cm厚石灰、碎石、土基层工程量：

$[41.01+7.5\times(2700-100)]$ m² = 19541.01m²

3）20cm厚砂砾底层工程量：

$[41.01+7.5\times(2700-100)]$ m² = 19541.01m²

4）7cm厚人行道板工程量：$3.0\times2\times(2700-100)$m² = 15600m²

5）15cm厚石灰土基层（8%的含灰量）工程量：

$3.0\times2\times(2700-100)$m² = 15600m²

6）安砌侧缘石工程量：$2\times(2700-100)$m = 5200m

7）树池砌筑（树池尺寸为0.7m×0.7m×0.8m，每隔5m一个）工程量：

$2\times[(2700-100)/5+1]$ 个 = 1042 个

8）盲沟工程量（2700-100）m = 2600m

2. 定额工程量

1）行车道

（1）黑色碎石路面（厚10cm）

机械摊铺黑色碎石路面（厚7cm）：

$[41.01+7.5\times(2700-100)]$ m² = 19541.01m²

机械摊铺黑色碎石路面（增3cm）：

$[41.01+7.5\times(2700-100)]$ m² = 19541.01m²

（2）石灰、土、碎石基层（厚20cm）

机拌石灰、土、碎石基层（8：72：20，厚20cm）：

$[41.01+(7.5+0.3\times2)\times(2700-100)]$m² = 21101.01m²

顶层多合土洒水车洒水养生：

$[41.01+(7.5+0.3\times2)\times(2700-100)]$m² = 21101.01m²

（3）砂砾底层

人工铺装砂砾石底层（天然级配，厚20cm）：

$[41.01+(7.5+0.3\times2)\times(2700-100)]$m² = 21101.01m²

2）人行道

（1）人行道块料铺设

人行道板安砌（砂垫层，40cm×40cm×7cm）：

$3.0\times2\times(2700-100)$m² = 15600m²

（2）石灰土基层

人工拌合石灰土基层（厚15cm，8%含灰量）：

$(3.0\times2+0.3\times2)\times(2700-100)$m² = 17160m²

顶层多合土人工洒水养生：

$(3.0 \times 2 + 0.3 \times 2) \times (2700 - 100) m^2 = 17160 m^2$

3）侧石及其他

（1）侧缘石安砌

人工铺装侧缘石 3cm 厚炉渣垫层：$2 \times (2700 - 100) \times 0.13 \times 0.03 m^3 = 20.28 m^3$

混凝土侧石安砌（立缘石，每块长 50cm）：$2 \times (2700 - 100) m = 5200 m$

（2）树池砌筑（0.7m×0.7m×0.8m）

砌筑混凝土块树池（25cm×5cm×12.5cm）：

$2 \times [(2700 - 100)/5 + 1]$ 个 $= 1042$ 个

$1042 \times 0.7 \times 4 m = 2917.60 m$

（3）盲沟

路基盲沟（砂石盲沟，30cm×40cm，单列式）：$(2700 - 100) m = 2600 m$

4）工程量清单综合单价分析表见表 1-46～表 1-53

（三）挡土墙工程

1．清单工程量

由道路路基土方工程量计算表知需在 K0+100～K0+430 和 K1+540～K2+200 段设挡土墙，因这两段填土较高，路基易不稳定。挡土墙的类型如图 1-6 所示，下面分别计算这两段挡土墙的工程量。

1）K0+100～K0+430 段

道路纵断面数据见表 1-7。

道路纵断面数据　　　　　　　　　　　　　　　　　　　　　表 1-7

桩号	K0+100	K0+110	K0+120	K0+130	K0+140	K0+150	K0+160	K0+170
原地面标高(m)	52.94	52.78	52.96	52.41	52.98	53.02	53.45	53.12
路面设计标高(m)	56.64	55.49	56.02	57.22	57.03	57.46	57.51	54.83
填方(m³)	3.70	2.71	3.06	4.81	4.05	4.44	4.06	1.71
桩号	K0+180	K0+190	K0+200	K0+210	K0+220	K0+230	K0+240	K0+250
原地面标高(m)	52.67	52.94	52.79	53.32	53.71	53.96	54.07	54.22
路面设计标高(m)	54.96	57.74	55.74	56.83	58.42	54.83	56.72	58.54
填方(m³)	2.29	4.80	2.95	3.51	4.71	0.87	2.65	4.32
桩号	K0+260	K0+270	K0+280	K0+290	K0+300	K0+310	K0+320	K0+330
原地面标高(m)	54.35	54.13	54.49	54.68	54.59	54.78	53.99	54.27
路面设计标高(m)	56.03	57.84	58.86	57.39	58.92	58.25	57.74	56.81
填方(m³)	1.68	3.71	4.37	2.71	4.33	3.47	3.75	2.54
桩号	K0+340	K0+350	K0+360	K0+370	K0+380	K0+390	K0+400	K0+410
原地面标高(m)	54.64	54.53	56.31	57.13	56.92	57.02	57.42	57.24
路面设计标高(m)	59.38	57.92	57.76	59.42	57.84	58.98	59.64	60.46
填方(m³)	4.74	3.39	1.45	2.29	0.92	1.96	2.22	3.22

桩号	K0+420	K0+430						
原地面标高(m)	57.86	58.09						
路面设计标高(m)	59.96	59.82						
填方(m³)	2.10	1.73						

(1) 挡土墙墙身 (C25 钢筋混凝土)

在 K0+100~K0+110 段:$L_1 = (110-100)m = 10m$

$H_1 = [(3.70+2.71)/2+0.5-0.05]m = 3.655m$

$V_1 = 10 \times [0.3+(0.3+3.655 \times 0.05 \times 2)]/2 \times 3.655m^3$
$= 17.64m^3$

在 K0+110~K0+120 段:$L_2 = (120-110)m = 10m$

$H_2 = [(2.71+3.06)/2+0.5-0.05]m = 3.335m$

$V_2 = 10 \times [0.3+(0.3+2 \times 3.335 \times 0.05)]/2 \times 3.335m^3$
$= 15.57m^3$

在 K0+120~K0+130 段:$L_3 = (130-120)m = 10m$

$H_3 = [(3.06+4.81)/2+0.5-0.05]m = 4.385m$

$V_3 = 10 \times [0.3+(0.3+2 \times 4.385 \times 0.05)]/2 \times 4.385m^3$
$= 22.77m^3$

在 K0+130~K0+140 段:$L_4 = (140-130)m = 10m$

$H_4 = [(4.81+4.05)/2+0.5-0.05]m = 4.88m$

$V_4 = 10 \times [0.3+(0.3+2 \times 4.88 \times 0.05)]/2 \times 4.88m^3$
$= 26.55m^3$

在 K0+140~K0+150 段:$L_5 = (150-140)m = 10m$

$H_5 = [(4.05+4.44)/2+0.5-0.05]m = 4.695m$

$V_5 = 10 \times [0.3+(0.3+2 \times 4.695 \times 0.05)]/2 \times 4.695m^3$
$= 25.11m^3$

在 K0+150~K0+160 段:$L_6 = (160-150)m = 10m$

$H_6 = [(4.44+4.06)/2+0.5-0.05]m = 4.70m$

$V_6 = 10 \times [0.3+(0.3+2 \times 4.70 \times 0.05)]/2 \times 4.70m^3$
$= 25.15m^3$

在 K0+160~K0+170 段:$L_7 = (170-160)m = 10m$

$H_7 = [(4.06+1.71)/2+0.5-0.05]m = 3.335m$

$V_7 = 10 \times [0.3+(0.3+2 \times 3.335 \times 0.05)]/2 \times 3.335m^3$
$= 15.57m^3$

在 K0+170~K0+180 段:$L_8 = (180-170)m = 10m$

$H_8 = [(1.71+2.29)/2+0.5-0.05]m = 2.45m$

$V_8 = 10 \times [0.3 + (0.3 + 2 \times 2.45 \times 0.05)]/2 \times 2.45 \text{m}^3$

$\quad = 10.35 \text{m}^3$

在 K0+180～K0+190 段：$L_9 = (190-180)\text{m} = 10\text{m}$

$H_9 = [(2.29+4.80)/2+0.5-0.05]\text{m} = 3.995\text{m}$

$V_9 = 10 \times [0.3+(0.3+2 \times 3.995 \times 0.05)]/2 \times 3.995 \text{m}^3 = 19.97 \text{m}^3$

在 K0+190～K0+200 段：$L_{10} = (200-190)\text{m} = 10\text{m}$

$H_{10} = [(4.80+2.95)/2+0.5-0.05]\text{m} = 4.325\text{m}$

$V_{10} = 10 \times [0.3+(0.3+2 \times 4.325 \times 0.05)]/2 \times 4.325 \text{m}^3$

$\quad = 22.33 \text{m}^3$

在 K0+200～K0+210 段：$L_{11} = (210-200)\text{m} = 10\text{m}$

$H_{11} = [(2.95+3.51)/2+0.5-0.05]\text{m} = 3.68\text{m}$

$V_{11} = 10 \times [0.3+(0.3+2 \times 3.68 \times 0.05)]/2 \times 3.68 \text{m}^3$

$\quad = 17.81 \text{m}^3$

在 K0+210～K0+220 段：$L_{12} = (220-210)\text{m} = 10\text{m}$

$H_{12} = [(3.51+4.71)/2+0.5-0.05]\text{m} = 4.56\text{m}$

$V_{12} = 10 \times [0.3+(0.3+2 \times 4.56 \times 0.05)]/2 \times 4.56 \text{m}^3$

$\quad = 24.08 \text{m}^3$

在 K0+220～K0+230 段：$L_{13} = (230-220)\text{m} = 10\text{m}$

$H_{13} = [(4.71+0.87)/2+0.5-0.05]\text{m} = 3.24\text{m}$

$V_{13} = 10 \times [0.3+(0.3+2 \times 3.24 \times 0.05)]/2 \times 3.24 \text{m}^3$

$\quad = 14.97 \text{m}^3$

在 K0+230～K0+240 段：$L_{14} = (240-230)\text{m} = 10\text{m}$

$H_{14} = [(0.87+2.65)/2+0.5-0.05]\text{m} = 2.21\text{m}$

$V_{14} = 10 \times [0.3+(0.3+2 \times 2.21 \times 0.05)] \times 2.21 \text{m}^3$

$\quad = 9.07 \text{m}^3$

在 K0+240～K0+250 段：$L_{15} = (250-240)\text{m} = 10\text{m}$

$H_{15} = [(2.65+4.32)/2+0.5-0.05]\text{m} = 3.935\text{m}$

$V_{15} = 10 \times [0.3+(0.3+2 \times 3.935 \times 0.05)]/2 \times 3.935 \text{m}^3$

$\quad = 19.55 \text{m}^3$

在 K0+250～K0+260 段：$L_{16} = (260-250)\text{m} = 10\text{m}$

$H_{16} = [(4.32+1.68)/2+0.5-0.05]\text{m} = 3.45\text{m}$

$V_{16} = 10 \times [0.3+(0.3+2 \times 3.45 \times 0.05)]/2 \times 3.45 \text{m}^3$

$\quad = 16.30 \text{m}^3$

在 K0+260～K0+270 段：$L_{17} = (270-260)\text{m} = 10\text{m}$

$H_{17} = [(1.68+3.71)/2+0.5-0.05]\text{m} = 3.145\text{m}$

$V_{17} = 10 \times [0.3+(0.3+2 \times 3.145 \times 0.05)]/2 \times 3.145 \text{m}^3$

$\quad = 14.38 \text{m}^3$

在 K0+270~K0+280 段：$L_{18} = (280-270)\text{m} = 10\text{m}$

$H_{18} = [(3.71+4.37)/2+0.5-0.05]\text{m} = 4.49\text{m}$

$V_{18} = 10 \times [(0.3+2 \times 4.49 \times 0.05)+0.3]/2 \times 4.49\text{m}^3$

　　$= 23.55\text{m}^3$

在 K0+280~K0+290 段：$L_{19} = (290-280)\text{m} = 10\text{m}$

$H_{19} = [(4.37+2.71)/2+0.5-0.05]\text{m} = 3.99\text{m}$

$V_{19} = 10 \times [0.3+(0.3+2 \times 3.99 \times 0.05)]/2 \times 3.99\text{m}^3$

　　$= 19.93\text{m}^3$

在 K0+290~K0+300 段：$L_{20} = (300-290)\text{m} = 10\text{m}$

$H_{20} = [(2.71+4.33)/2+0.5-0.05]\text{m} = 3.97\text{m}$

$V_{20} = 10 \times [0.3+(0.3+2 \times 3.97 \times 0.05)]/2 \times 3.97\text{m}^3$

　　$= 19.79\text{m}^3$

在 K0+300~K0+310 段：$L_{21} = (310-300)\text{m} = 10\text{m}$

$H_{21} = [(4.33+3.47)/2+0.5-0.05]\text{m} = 4.35\text{m}$

$V_{21} = 10 \times [0.3+(0.3+2 \times 4.35 \times 0.05)]/2 \times 4.35\text{m}^3$

　　$= 22.51\text{m}^3$

在 K0+310~K0+320 段：$L_{22} = (320-310)\text{m} = 10\text{m}$

$H_{22} = [(3.47+3.75)/2+0.5-0.05]\text{m} = 4.06\text{m}$

$V_{22} = 10 \times [0.3+(0.3+2 \times 4.06 \times 0.05)]/2 \times 4.06\text{m}^3$

　　$= 20.42\text{m}^3$

在 K0+320~K0+330 段：$L_{23} = (330-320)\text{m} = 10\text{m}$

$H_{23} = [(3.75+2.54)/2+0.5-0.05]\text{m} = 3.595\text{m}$

$V_{23} = 10 \times [0.3+(0.3+2 \times 3.595 \times 0.05)]/2 \times 3.595\text{m}^3$

　　$= 17.25\text{m}^3$

在 K0+330~K0+340 段：$L_{24} = (340-330)\text{m} = 10\text{m}$

$H_{24} = [(2.54+4.74)/2+0.5-0.05]\text{m} = 4.09\text{m}$

$V_{24} = 10 \times [0.3+(0.3+2 \times 4.09 \times 0.05)]/2 \times 4.09\text{m}^3$

　　$= 20.63\text{m}^3$

在 K0+340~K0+350 段：$L_{25} = (350-340)\text{m} = 10\text{m}$

$H_{25} = [(4.74+3.39)/2+0.5-0.05]\text{m} = 4.515\text{m}$

$V_{25} = 10 \times [0.3+(0.3+2 \times 4.515 \times 0.05)]/2 \times 4.515\text{m}^3$

　　$= 23.74\text{m}^3$

在 K0+350~K0+360 段：$L_{26} = (360-350)\text{m} = 10\text{m}$

$H_{26} = [(3.39+1.45)/2+0.5-0.05]\text{m} = 2.87\text{m}$

$V_{26} = 10 \times [0.3+(0.3+2 \times 2.87 \times 0.05)]/2 \times 2.87\text{m}^3$

　　$= 12.73\text{m}^3$

在 K0+360～K0+370 段：$L_{27}=(370-360)\text{m}=10\text{m}$

$H_{27}=[(1.45+2.29)/2+0.5-0.05]\text{m}=2.32\text{m}$

$V_{27}=10\times[0.3+(0.3+2\times2.32\times0.05)]/2\times2.32\text{m}^3$

$\quad=9.65\text{m}^3$

在 K0+370～K0+380 段：$L_{28}=(380-370)\text{m}=10\text{m}$

$H_{28}=[(2.29+0.92)/2+0.5-0.05]\text{m}=2.055\text{m}$

$V_{28}=10\times[0.3+(0.3+2\times2.055\times0.05)]/2\times2.055\text{m}^3$

$\quad=8.28\text{m}^3$

在 K0+380～K0+390 段：$L_{29}=(390-380)\text{m}=10\text{m}$

$H_{29}=[(0.92+1.96)/2+0.5-0.05]\text{m}=1.89\text{m}$

$V_{29}=10\times[0.3+(0.3+2\times1.89\times0.05)]/2\times1.89\text{m}^3$

$\quad=7.46\text{m}^3$

在 K0+390～K0+400 段：$L_{30}=(400-390)\text{m}=10\text{m}$

$H_{30}=[(1.96+2.22)/2+0.5-0.05]\text{m}=2.54\text{m}$

$V_{30}=10\times[0.3+(0.3+2\times2.54\times0.05)]/2\times2.54\text{m}^3$

$\quad=10.85\text{m}^3$

在 K0+400～K0+410 段：$L_{31}=(410-400)\text{m}=10\text{m}$

$H_{31}=[(2.22+3.22)/2+0.5-0.05]\text{m}=3.17\text{m}$

$V_{31}=10\times[0.3+(0.3+2\times3.17\times0.05)]/2\times3.17\text{m}^3$

$\quad=14.53\text{m}^3$

在 K0+410～K0+420 段：$L_{32}=(420-410)\text{m}=10\text{m}$

$H_{32}=[(3.22+2.10)/2+0.5-0.05]\text{m}=3.11\text{m}$

$V_{32}=10\times[0.3+(0.3+2\times3.11\times0.05)]/2\times3.11\text{m}^3=14.17\text{m}^3$

在 K0+420～K0+430 段：$L_{33}=(430-420)\text{m}=10\text{m}$

$H_{33}=[(2.10+1.73)/2+0.5-0.05]\text{m}=2.365\text{m}$

$V_{33}=10\times[0.3+(0.3+2\times2.365\times0.05)]/2\times2.365\text{m}^3$

$\quad=9.89\text{m}^3$

综合：

$V=(V_1+V_2+V_3+V_4+V_5+V_6+V_7+V_8+V_9+V_{10}+V_{11}+V_{12}+V_{13}+V_{14}+V_{15}$

$\quad+V_{16}+V_{17}+V_{18}+V_{19}+V_{20}+V_{21}+V_{22}+V_{23}+V_{24}+V_{25}+V_{26}+V_{27}+V_{28}+$

$\quad V_{29}+V_{30}+V_{31}+V_{32}+V_{33})\times2$

$\quad=(17.64+15.57+22.77+26.55+25.11+25.15+15.57+10.35+19.97+22.33$

$\quad+17.81+24.08+14.97+9.07+19.55+16.30+14.38+23.55+19.93+19.79$

$\quad+22.51+20.42+17.25+20.63+23.74+12.73+9.65+8.28+7.46+10.85+$

$\quad14.53+14.17+9.89)\times2\text{m}^3$

$\quad=1145.10\text{m}^3$

（2）挡土墙基础

在 K0+100~K0+120 段：$L_1=(120-100)\text{m}=20\text{m}$

因这段中的 $H=3.655\text{m}$ 和 3.335m，故取 $h=0.45\text{m}$，$B=2.50\text{m}$

$V_1=20\times[0.45+(0.45+2.50\times0.05)]/2\times2.50\text{m}^3=25.63\text{m}^3$

在 K0+120~K0+160 段：H 在 $4.385\sim4.88\text{m}$ 之间，取 $h=0.50\text{m}$，$B=3.1\text{m}$，$L_2=(160-120)\text{m}=40\text{m}$

$V_2=40\times[0.5+(0.5+3.10\times0.05)]/2\times3.10\text{m}^3=71.61\text{m}^3$

在 K0+160~K0+170 段：$L_3=(170-160)\text{m}=10\text{m}$

$H=3.335\text{m}$，取 $h=0.45\text{m}$，$B=2.50\text{m}$

$V_3=10\times[0.45+(0.45+2.50\times0.05)]/2\times2.50\text{m}^3$
    $=12.81\text{m}^3$

在 K0+170~K0+180 段：$L_4=(180-170)\text{m}=10\text{m}$

$H=2.45\text{m}$，取 $h=0.40\text{m}$，$B=2.00\text{m}$

$V_4=10\times[0.40+(0.40+2.0\times0.05)]/2\times2.0\text{m}^3=9.00\text{m}^3$

在 K0+180~K0+190 段：$L_5=(190-180)\text{m}=10\text{m}$

$H=3.995\text{m}$，取 $h=0.45\text{m}$，$B=2.5\text{m}$

同 K0+160~K0+170 段

$V_5=10\times[0.45+(0.45+2.50\times0.05)]/2\times2.50\text{m}^3=12.81\text{m}^3$

下面的计算方法与上面相同，因项目较多，故不逐个列出，总结计算如下：

在 K0+190~K0+200，K0+210~K0+220，K0+270~K0+280，K0+300~K0+310，K0+310~K0+320，K0+330~K0+340，K0+340~K0+350 段中的 H 与 450cm 相近，取 $h=0.50\text{m}$，$B=3.10\text{m}$

$V_6=7\times10\times[0.50+(0.50+3.10\times0.05)]/2\times3.10\text{m}^3=125.32\text{m}^3$

在 K0+200~K0+210，K0+220~K0+230，K0+240~K0+250，K0+250~K0+260，K0+260~K0+270，K0+280~K0+290，K0+290~K0+300，K0+320~K0+330，K0+400~K0+410，K0+410~K0+420 段中 H 与 350 相近，取 $h=0.45\text{m}$，$B=2.50\text{m}$

$V_7=10\times10\times[0.45+(0.45+2.5\times0.05)]/2\times2.5\text{m}^3=128.13\text{m}^3$

在 K0+230~K0+240，K0+350~K0+360，K0+360~K0+370，K0+370~K0+380，K0+390~K0+400，K0+420~K0+430 段 H 与 250 相近，取 $h=0.40\text{m}$，$B=2.00\text{m}$

$V_8=6\times10\times[0.40+(0.40+2.0\times0.05)]/2\times2.0\text{m}^3=54\text{m}^3$

在 K0+380~K0+390 段，$L_{10}=(390-380)\text{m}=10\text{m}$，$H=1.89\text{m}$，取 $h=0.40\text{m}$，$B=1.50\text{m}$

$V_9=10\times[0.40+(0.40+1.50\times0.05)]/2\times1.50\text{m}^3=6.56\text{m}^3$

综合：

$V=(V_1+V_2+V_3+V_4+V_5+V_6+V_7+V_8+V_9)\times2$

$=(25.63+71.61+12.81+9.0+12.81+125.32+128.13+54+6.56)\times2\text{m}^3$

＝891.74m³

2）K1+540～K2+200 段

此段为挖方段，故设重力式挡土墙。

道路纵断面数据见表1-8。

道路纵断面数据　　　　　　　　　　　表 1-8

桩号	K1+540	K1+570	K1+600	K1+630	K1+660	K1+690	K1+720
原地面标高(m)	62.47	61.98	62.36	62.74	62.56	63.92	64.05
路面设计标高(m)	60.39	60.28	60.38	60.26	60.50	60.73	60.83
挖方(m³)	2.08	1.70	1.98	2.48	2.06	3.19	3.22
桩号	K1+750	K1+780	K1+810	K1+840	K1+870	K1+900	K1+930
原地面标高(m)	64.26	63.84	64.06	64.98	63.72	64.06	64.71
路面设计标高(m)	60.60	60.39	60.26	60.23	60.32	60.37	60.40
挖方(m³)	3.66	3.45	3.80	4.75	3.40	3.69	4.31
桩号	K1+960	K1+990	K2+020	K2+050	K2+080	K2+110	K2+140
原地面标高(m)	63.82	64.31	63.99	64.74	63.19	62.97	63.48
路面设计标高(m)	60.60	60.36	60.27	60.42	60.39	60.53	60.71
挖方(m³)	3.22	3.95	3.72	4.32	2.80	2.44	2.77
桩号	K2+170	K2+200					
原地面标高(m)	62.88	62.03					
路面设计标高(m)	60.89	60.92					
挖方(m³)	1.99	1.11					

（1）挡土墙墙身（浆砌块石）

为了计算方便故取柱间间距为 30m

则在 K1+540～K1+570 段：$H=[(2.08+1.70)/2+0.6]m=2.49m$

$V_1=30\times2.49\times1.2m^3=89.64m^3$

在 K1+570～K1+600 段：$H=[(1.70+1.98)/2+0.6]m=2.44m$

$V_2=30\times2.44\times1.2m^3=87.84m^3$

在 K1+600～K1+630 段：$H=[(1.98+2.48)/2+0.6]m=2.83m$

$V_3=30\times2.83\times1.2m^3=101.88m^3$

在 K1+630～K1+660 段：$H=[(2.48+2.06)/2+0.6]m=2.87m$

$V_4=30\times2.87\times1.2m^3=103.32m^3$

在 K1+660～K1+690 段：$H=[(2.06+3.19)/2+0.6]m=3.225m$

$V_5=30\times3.225\times1.2m^3=116.10m^3$

在 K1+690～K1+720 段：$H=[(3.19+3.22)/2+0.6]m=3.805m$

$V_6=30\times3.805\times1.2m^3=136.98m^3$

在 K1+720～K1+750 段：$H=[(3.22+3.66)/2+0.6]m=4.04m$

$V_7=30\times4.04\times1.2m^3=145.44m^3$

在 K1+750~K1+780 段：$H=[(3.66+3.45)/2+0.6]m=4.155m$

$V_8=30×4.155×1.2m^3=149.58m^3$

在 K1+780~K1+810 段：$H=[(3.45+3.80)/2+0.6]m=4.225m$

$V_9=30×4.225×1.2m^3=152.10m^3$

在 K1+810~K1+840 段：$H=[(3.80+4.75)/2+0.6]m=4.875m$

$V_{10}=30×4.875×1.2m^3=175.50m^3$

在 K1+840~K1+870 段：$H=[(4.75+3.40)/2+0.6]m=4.675m$

$V_{11}=30×4.675×1.2m^3=168.30m^3$

在 K1+870~K1+900 段：$H=[(3.40+3.69)/2+0.6]m=4.145m$

$V_{12}=30×4.145×1.2m^3=149.22m^3$

在 K1+900~K1+930 段：$H=[(3.69+4.31)/2+0.6]m=4.60m$

$V_{13}=30×4.60×1.2m^3=165.60m^3$

在 K1+930~K1+960 段：$H=[(4.31+3.22)/2+0.6]m=4.365m$

$V_{14}=30×4.365×1.2m^3=157.14m^3$

在 K1+960~K1+990 段：$H=[(3.22+3.95)/2+0.6]m=4.185m$

$V_{15}=30×4.185×1.2m^3=150.66m^3$

在 K1+990~K2+020 段：$H=[(3.95+3.72)/2+0.6]m=4.435m$

$V_{16}=30×4.435×1.2m^3=159.66m^3$

在 K2+020~K2+050 段：$H=[(3.72+4.32)/2+0.6]m=4.62m$

$V_{17}=30×4.62×1.2m^3=166.32m^3$

在 K2+050~K2+080 段：$H=[(4.32+2.80)/2+0.6]m=4.16m$

$V_{18}=30×4.16×1.2m^3=149.76m^3$

在 K2+080~K2+110 段：$H=[(2.80+2.44)/2+0.6]m=3.22m$

$V_{19}=30×3.22×1.2m^3=115.92m^3$

在 K2+110~K2+140 段：$H=[(2.44+2.77)/2+0.6]m=3.205m$

$V_{20}=30×3.205×1.2m^3=115.38m^3$

在 K2+140~K2+170 段：$H=[(2.77+1.99)/2+0.6]m=2.98m$

$V_{21}=30×2.98×1.2m^3=107.28m^3$

在 K2+170~K2+200 段：$H=[(1.99+1.11)/2+0.6]m=2.15m$

$V_{22}=30×2.15×1.2m^3=77.40m^3$

挡土墙墙身体积合计：

$$V=V_1+V_2+V_3+V_4+V_5+V_6+V_7+V_8+V_9+V_{10}+V_{11}+V_{12}+V_{13}+V_{14}+$$
$$V_{15}+V_{16}+V_{17}+V_{18}+V_{19}+V_{20}+V_{21}+V_{22}$$
$$=(89.64+87.84+101.88+103.32+116.10+136.98+145.44+149.58+$$
$$152.10+175.50+168.30+149.22+165.60+157.14+150.66+159.66+$$
$$166.32+149.76+115.92+115.38+107.28+77.40)m^3$$
$$=2941.02m^3$$

（2）挡土墙基础

因重力式挡土墙的基础较小，在此就按同样的尺寸来计算，如图 1-6 所示，故挡土墙基础体积：

$$V = (2200 - 1540) \times [(0.4 + 3.0 \times 0.25) + 0.4]/2 \times 3.0 \text{m}^3 = 1534.50 \text{m}^3$$

2. 定额工程量

1）K0+100～K0+430 段（一般挡土墙）

（1）现浇混凝土挡土墙墙身：1145.10m³

硬塑泄水管（$\phi 8$，高度在 3m 内设 2 排，超过 3m 设 3 排，泄水孔距地面或常水位以上 30cm，水平间距为 2.5m）

K0+100～K0+170 段：[(170-100)/2.5+1]×3 根×2（边）=174 根

K0+170～K0+180 段：[(180-170)/2.5+1]×2 根×2（边）=20 根

K0+180～K0+230 段：[(230-180)/2.5+1]×3 根×2（边）=126 根

K0+230～K0+240 段：[(240-230)/2.5+1]×2 根×2（边）=20 根

K0+240～K0+350 段：[(350-240)/2.5+1]×3 根×2（边）=270 根

K0+350～K0+400 段：[(400-350)/2.5+1]×2 根×2（边）=84 根

K0+400～K0+420 段：[(420-400)/2.5+1]×3 根×2（边）=54 根

K0+420～K0+430 段：[(430-420)/2.5+1]×2 根×2（边）=20 根

合计：(174+20+126+20+270+84+54+20) 根 =768 根

768×0.30m=230.40m

挡土墙内侧排水孔砂石滤层：

在 K0+100～K0+110 段：(3.655-0.5-0.4×2)×10×1.0m³=23.55m³

在 K0+110～K0+120 段：(3.335-0.5-0.4×2)×10×1.0m³=20.35m³

在 K0+120～K0+130 段：(4.385-0.5-0.4×2)×10×1.0m³=30.85m³

在 K0+130～K0+140 段：(4.88-0.5-0.4×2)×10×1.0m³=35.80m³

在 K0+140～K0+150 段：(4.695-0.5-0.4×2)×10×1.0m³=33.95m³

在 K0+150～K0+160 段：(4.70-0.5-0.4×2)×10×1.0m³=34.00m³

在 K0+160～K0+170 段：(3.335-0.5-0.4×2)×10×1.0m³=20.35m³

在 K0+170～K0+180 段：(2.45-0.5-0.4×2)×10×1.0m³=11.50m³

在 K0+180～K0+190 段：(3.995-0.5-0.4×2)×10×1.0m³=26.95m³

在 K0+190～K0+200 段：(4.325-0.5-0.4×2)×10×1.0m³=30.25m³

在 K0+200～K0+210 段：(3.68-0.5-0.4×2)×10×1.0m³=23.80m³

在 K0+210～K0+220 段：(4.56-0.5-0.4×2)×10×1.0m³=32.60m³

在 K0+220～K0+230 段：(3.24-0.5-0.4×2)×10×1.0m³=19.40m³

在 K0+230～K0+240 段：(2.21-0.5-0.4×2)×10×1.0m³=9.10m³

在 K0+240～K0+250 段：(3.935-0.5-0.4×2)×10×1.0m³=26.35m³

在 K0+250～K0+260 段：(3.45-0.5-0.4×2)×10×1.0m³=21.50m³

在 K0+260～K0+270 段：(3.145-0.5-0.4×2)×10×1.0m³=18.45m³

在 K0+270～K0+280 段：$(4.49-0.5-0.4\times2)\times10\times1.0\text{m}^3=31.90\text{m}^3$

在 K0+280～K0+290 段：$(3.99-0.5-0.4\times2)\times10\times1.0\text{m}^3=26.90\text{m}^3$

在 K0+290～K0+300 段：$(3.97-0.5-0.4\times2)\times10\times1.0\text{m}^3=26.70\text{m}^3$

在 K0+300～K0+310 段：$(4.35-0.5-0.4\times2)\times10\times1.0\text{m}^3=30.50\text{m}^3$

在 K0+310～K0+320 段：$(4.06-0.5-0.4\times2)\times10\times1.0\text{m}^3=27.60\text{m}^3$

在 K0+320～K0+330 段：$(3.595-0.5-0.4\times2)\times10\times1.0\text{m}^3=22.95\text{m}^3$

在 K0+330～K0+340 段：$(4.09-0.5-0.4\times2)\times10\times1.0\text{m}^3=27.90\text{m}^3$

在 K0+340～K0+350 段：$(4.515-0.5-0.4\times2)\times10\times1.0\text{m}^3=32.15\text{m}^3$

在 K0+350～K0+360 段：$(2.87-0.5-0.4\times2)\times10\times1.0\text{m}^3=15.70\text{m}^3$

在 K0+360～K0+370 段：$(2.32-0.5-0.4\times2)\times10\times1.0\text{m}^3=10.20\text{m}^3$

在 K0+370～K0+380 段：$(2.055-0.5-0.4\times2)\times10\times1.0\text{m}^3=7.55\text{m}^3$

在 K0+380～K0+390 段：$(1.89-0.5-0.4\times2)\times10\times1.0\text{m}^3=5.90\text{m}^3$

在 K0+390～K0+400 段：$(2.54-0.5-0.4\times2)\times10\times1.0\text{m}^3=12.40\text{m}^3$

在 K0+400～K0+410 段：$(3.17-0.5-0.4\times2)\times10\times1.0\text{m}^3=18.70\text{m}^3$

在 K0+410～K0+420 段：$(3.11-0.5-0.4\times2)\times10\times1.0\text{m}^3=18.10\text{m}^3$

在 K0+420～K0+430 段：$(2.365-0.5-0.4\times2)\times10\times1.0\text{m}^3=10.65\text{m}^3$

合计：$(23.35+20.35+30.85+35.80+33.95+34.00+20.35+11.50+26.95+30.25+23.80+32.60+19.40+9.10+26.35+21.50+18.45+31.90+26.90+26.70+30.50+27.60+22.95+27.90+32.15+15.70+10.20+7.55+5.90+12.40+18.70+18.10+10.65)\text{m}^3=744.35\text{m}^3$

沉降缝（沥青木丝板）：

原则上挡土墙沉降缝间距为 10m，但地质条件突变处应增设沉降缝（宽 2cm），用填缝料填充。因该地的突变处在 10m 位置处，故在此应设一条 10m 的沉降缝。

在这段路的各桩号处均没有沉降缝，共 32 条，平均高度为：

$H=[(2.71+3.06+4.81+4.05+4.44+4.06+1.71+2.29+4.80+2.95+3.51+4.71+0.87+2.65+4.32+1.68+3.71+4.37+2.71+4.33+3.47+3.75+2.54+4.74+3.39+1.45+2.29+0.92+1.96+2.22+3.22+2.10)/32+0.5]\text{m}$

$=3.618\text{m}$

墙身部分沉降缝面积：$S_{墙身}=[0.3+(0.3+2\times3.618\times0.05)]/2\times3.618\times32\times2\text{m}^2$
$\qquad\qquad\qquad\qquad=111.35\text{m}^2$

（2）挡土墙现浇混凝土基础：891.74m^3

沉降缝（沥青木丝板）：

在 K0+110 处时：$H=(2.71+0.50)\text{m}=3.21\text{m}$，取 $h=0.45\text{m}$，$B=2.50\text{m}$

$S_1=[0.45+(0.45+2.50\times0.05)]/2\times2.50\times2\text{m}^2$
$\quad=2.56\text{m}^2$

在 K0+120 处时：$H=(3.06+0.50)\text{m}=3.56\text{m}$，取 $h=0.45\text{m}$，$B=2.50\text{m}$

$S_2=[0.45+(0.45+2.50\times0.05)]/2\times2.50\times2\text{m}^2$

$=2.56\text{m}^2$

在 K0+130 处时：$H=(4.81+0.50)\text{m}=5.31\text{m}$，取 $h=0.50\text{m}$，$B=3.60\text{m}$

$S_3=[0.50+(0.50+3.60\times0.05)]/2\times3.60\times2\text{m}^2$

$\quad=4.25\text{m}^2$

在 K0+140 处时：$H=(4.05+0.50)\text{m}=4.55\text{m}$，取 $h=0.50\text{m}$，$B=3.10\text{m}$

$S_4=[0.50+(0.50+3.10\times0.05)]/2\times3.10\times2\text{m}^2$

$\quad=3.58\text{m}^2$

在 K0+150 处时：$H=(4.44+0.50)\text{m}=4.94\text{m}$，取 $h=0.50\text{m}$，$B=3.10\text{m}$

$S_5=[0.50+(0.50+3.10\times0.05)]/2\times3.10\times2\text{m}^2$

$\quad=3.58\text{m}^2$

在 K0+160 处时：$H=(4.06+0.50)\text{m}=4.56\text{m}$，取 $h=0.50\text{m}$，$B=3.10\text{m}$

$S_6=[0.50+(0.50+3.1\times0.05)]/2\times3.10\times2\text{m}^2$

$\quad=3.58\text{m}^2$

在 K0+170 处时：$H=(1.71+0.50)\text{m}=2.21\text{m}$，取 $h=0.40\text{m}$，$B=2.00\text{m}$

$S_7=[0.40+(0.40+2.00\times0.05)]/2\times2.00\times2\text{m}^2$

$\quad=1.80\text{m}^2$

在 K0+180 处时：$H=(2.29+0.50)\text{m}=2.79\text{m}$，取 $h=0.40\text{m}$，$B=2.00\text{m}$

$S_8=[0.40+(0.40+2.00\times0.05)]/2\times2.00\times2\text{m}^2$

$\quad=1.80\text{m}^2$

在 K0+190 处时：$H=(4.80+0.50)\text{m}=5.3\text{m}$，取 $h=0.50\text{m}$，$B=3.60\text{m}$

$S_9=[0.50+(0.50+3.60\times0.05)]/2\times3.60\times2\text{m}^2$

$\quad=4.25\text{m}^2$

在 K0+200 处时：$H=(2.95+0.50)\text{m}=3.45\text{m}$，取 $h=0.45\text{m}$，$B=2.50\text{m}$

$S_{10}=[0.45+(0.45+2.50\times0.05)]/2\times2.50\times2\text{m}^2$

$\quad=2.56\text{m}^2$

在 K0+210 处时：$H=(3.51+0.50)\text{m}=4.01\text{m}$，取 $h=0.50\text{m}$，$B=3.10\text{m}$

$S_{11}=[0.50+(0.50+3.10\times0.05)]/2\times3.10\times2\text{m}^2$

$\quad=3.58\text{m}^2$

在 K0+220 处时：$H=(4.71+0.50)\text{m}=5.21\text{m}$，取 $h=0.50\text{m}$，$B=3.60\text{m}$

$S_{12}=[0.50+(0.50+3.60\times0.05)]/2\times3.60\times2\text{m}^2$

$\quad=4.25\text{m}^2$

在 K0+230 处时：$H=(0.87+0.5)\text{m}=1.37\text{m}$，取 $h=0.40\text{m}$，$B=1.50\text{m}$

$S_{13}=[0.40+(0.40+1.50\times0.05)]/2\times1.50\times2\text{m}^2=1.31\text{m}^2$

在 K0+240 处时：$H=(2.65+0.50)\text{m}=3.15\text{m}$，取 $h=0.45\text{m}$，$B=2.50\text{m}$

$S_{14}=[0.45+(0.45+2.50\times0.05)]/2\times2.50\times2\text{m}^2$

$\quad=2.56\text{m}^2$

在 K0+250 处时：$H=(4.32+0.50)\text{m}=4.82\text{m}$，取 $h=0.50\text{m}$，$B=3.10\text{m}$

$S_{15} = [0.50 + (0.50 + 3.10 \times 0.05)]/2 \times 3.10 \times 2 \text{m}^2$

　　$= 3.58 \text{m}^2$

在 K0+260 处时：$H = (1.68 + 0.50)\text{m} = 2.18\text{m}$，取 $h = 0.40\text{m}$，$B = 2.00\text{m}$

$S_{16} = [0.40 + (0.40 + 2.00 \times 0.05)]/2 \times 2.00 \times 2 \text{m}^2$

　　$= 1.80 \text{m}^2$

在 K0+270 处时：$H = (3.71 + 0.50)\text{m} = 4.21\text{m}$，取 $h = 0.50\text{m}$，$B = 3.10\text{m}$

$S_{17} = [0.50 + (0.50 + 3.10 \times 0.05)]/2 \times 3.10 \times 2 \text{m}^2$

　　$= 3.58 \text{m}^2$

在 K0+280 处时：$H = (4.37 + 0.50)\text{m} = 4.87\text{m}$，取 $h = 0.50\text{m}$，$B = 3.10\text{m}$

$S_{18} = [0.50 + (0.50 + 3.10 \times 0.05)]/2 \times 3.10 \times 2 \text{m}^2 = 3.58 \text{m}^2$

在 K0+290 处时：$H = (2.71 + 0.50)\text{m} = 3.21\text{m}$，取 $h = 0.45\text{m}$，$B = 2.50\text{m}$

$S_{19} = [0.45 + (0.45 + 2.50 \times 0.05)]/2 \times 2.50 \times 2 \text{m}^2$

　　$= 2.56 \text{m}^2$

在 K0+300 处时：$H = (4.33 + 0.50)\text{m} = 4.83\text{m}$，取 $h = 0.50\text{m}$，$B = 3.10\text{m}$

$S_{20} = [0.50 + (0.50 + 3.10 \times 0.05)]/2 \times 3.10 \times 2 \text{m}^2$

　　$= 3.58 \text{m}^2$

在 K0+310 处时：$H = (3.47 + 0.50)\text{m} = 3.97\text{m}$，取 $h = 0.45\text{m}$，$B = 2.50\text{m}$

$S_{21} = [0.45 + (0.45 + 2.50 \times 0.05)]/2 \times 2.50 \times 2 \text{m}^2$

　　$= 2.56 \text{m}^2$

在 K0+320 处时：$H = (3.75 + 0.50)\text{m} = 4.25\text{m}$，取 $h = 0.50\text{m}$，$B = 3.10\text{m}$

$S_{22} = [0.50 + (0.50 + 3.10 \times 0.05)]/2 \times 3.10 \times 2 \text{m}^2$

　　$= 3.58 \text{m}^2$

在 K0+330 处时：$H = (2.54 + 0.50)\text{m} = 3.04\text{m}$，取 $h = 0.45\text{m}$，$B = 2.50\text{m}$

$S_{23} = [0.45 + (0.45 + 2.50 \times 0.05)]/2 \times 2.50 \times 2 \text{m}^2$

　　$= 2.56 \text{m}^2$

在 K0+340 处时：$H = (4.74 + 0.50)\text{m} = 5.24\text{m}$，取 $h = 0.50\text{m}$，$B = 3.60\text{m}$

$S_{24} = [0.50 + (0.50 + 3.60 \times 0.05)]/2 \times 3.60 \times 2 \text{m}^2$

　　$= 4.25 \text{m}^2$

在 K0+350 处时：$H = (3.39 + 0.50)\text{m} = 3.89\text{m}$，取 $h = 0.45\text{m}$，$B = 2.50\text{m}$

$S_{25} = [0.45 + (0.45 + 2.50 \times 0.05)]/2 \times 2.50 \times 2 \text{m}^2$

　　$= 2.56 \text{m}^2$

在 K0+360 处时：$H = (1.45 + 0.50)\text{m} = 1.95\text{m}$，取 $h = 0.40\text{m}$，$B = 1.50\text{m}$

$S_{26} = [0.40 + (0.40 + 1.50 \times 0.05)]/2 \times 1.50 \times 2 \text{m}^2$

　　$= 1.31 \text{m}^2$

在 K0+370 处时：$H = (2.29 + 0.50)\text{m} = 2.79\text{m}$，取 $h = 0.40\text{m}$，$B = 2.00\text{m}$

$S_{27} = [0.40 + (0.40 + 2.00 \times 0.05)]/2 \times 2.00 \times 2 \text{m}^2$

　　$= 1.80 \text{m}^2$

在 K0+380 处时：$H=(0.92+0.50)\text{m}=1.42\text{m}$，取 $h=0.40\text{m}$，$B=1.50\text{m}$

$S_{28}=[0.40+(0.40+1.50\times0.05)]/2\times1.50\times2\text{m}^2$

$\qquad=1.31\text{m}^2$

在 K0+390 处时：$H=(1.96+0.50)\text{m}=2.46\text{m}$，取 $h=0.40\text{m}$，$B=2.00\text{m}$

$S_{29}=[0.40+(0.40+2.00\times0.05)]/2\times2.00\times2\text{m}^2$

$\qquad=1.80\text{m}^2$

在 K0+400 处时：$H=(2.22+0.50)\text{m}=2.72\text{m}$，取 $h=0.40\text{m}$，$B=2.00\text{m}$

$S_{30}=[0.40+(0.40+2.00\times0.05)]/2\times2.00\times2\text{m}^2$

$\qquad=1.80\text{m}^2$

在 K0+410 处时：$H=(3.22+0.50)\text{m}=3.72\text{m}$，取 $h=0.45\text{m}$，$B=2.50\text{m}$

$S_{31}=[0.45+(0.45+2.50\times0.05)]/2\times2.50\times2\text{m}^2=2.56\text{m}^2$

在 K0+420 处时：$H=(2.10+0.50)\text{m}=2.60\text{m}$，取 $h=0.40\text{m}$，$B=2.00\text{m}$

$S_{32}=[0.40+(0.40+2.00\times0.05)]/2\times2.00\times2\text{m}^2$

$\qquad=1.80\text{m}^2$

基础沉降缝面积合计：

$S=S_1+S_2+S_3+S_4+S_5+S_6+S_7+S_8+S_9+S_{10}+S_{11}+S_{12}+S_{13}+S_{14}+S_{15}+$
$\quad S_{16}+S_{17}+S_{18}+S_{19}+S_{20}+S_{21}+S_{22}+S_{23}+S_{24}+S_{25}+S_{26}+S_{27}+S_{28}+$
$\quad S_{29}+S_{30}+S_{31}+S_{32}$

$\quad=(9\times3.58+9\times2.56+4\times4.25+3\times1.31+7\times1.80)\text{m}^2$

$\quad=88.79\text{m}^2$

2）K1+540～K2+200 段

（1）浆砌块料

挡土墙墙身（浆砌块石）：2941.02m³

（2）挡土墙基础（现浇混凝土基础）

1534.50m³

3）工程量清单综合单价分析表见表1-54～表1-57

（四）钢筋工程

1. 清单工程量

1）K0+100～K0+430 段（一般挡土墙）

（1）在 K0+100～K0+110 段

$L_1=10\text{m}$，$H_1=3.655\text{m}$，取 $h=45\text{cm}$，$B=250\text{cm}$，$B_1=30\text{cm}$，$B_2=48\text{cm}$

$\phi8$ 钢筋的长度：$(10-0.035)\text{m}=9.965\text{m}$

$\phi8$ 钢筋的根数：$(H_1-0.09)/0.15+1+1=[(3.655-0.09)/0.15+2]$根≈26 根

$\phi8$ 钢筋的重量：$26\times9.965\times0.396\text{kg}=0.103\text{t}$

$\phi22$ 钢筋的长度：$B_1+B_2-9.2+50.4+15+H+h-9.0$

$\qquad\qquad=(30+48-9.2+50.4+15+365.5+45-9.0)\text{cm}$

$\qquad\qquad=535.7\text{cm}=5.357\text{m}$

$\phi22$ 钢筋的根数：$(L_1-0.035)/0.25+1=[(10-0.035)/0.25+1]$根$=41$根

$\phi22$ 钢筋的质量：$41\times5.357\times2.980$kg$=0.655$t

$\phi10$ 钢筋的长度：$(10-0.035)$m$=9.965$m

$\phi10$ 钢筋的根数：$(B-0.09)/0.2+1=[(2.5-0.09)/0.2+1]$根$=13$根

$\phi10$ 钢筋的质量：$9.965\times13\times0.617$kg$=0.080$t

$\phi20$ 钢筋的长度：$B-9.0+h+0.05B-9.0+15+15$

$\qquad =(250-9.0+45+0.05\times250-9.0+15+15)$cm

$\qquad =319.50$cm$=3.195$m

$\phi20$ 钢筋的根数：$[(10-0.035)/0.2+1]$根$=51$根

$\phi20$ 钢筋的质量：$3.195\times51\times2.466$kg$=0.402$t

（2）在 K0+110～K0+120 段

$L_2=10$m，$H_2=3.335$m，取 $h=45$cm，$B=250$cm，$B_1=30$cm，$B_2=48$cm

$\phi8$ 钢筋的长度：10m

$\phi8$ 钢筋的根数：$(H_2-0.09)/0.15+1+1)=[(3.335-0.09)/0.15+2]$根$=$
$\qquad 24$ 根

$\phi8$ 钢筋的质量：$24\times10\times0.396$kg$=0.095$t

$\phi22$ 钢筋的长度：$B_1+B_2-9.2+50.4+H+h-9.0+15$

$\qquad =(30+48-9.2+50.4+333.5+45-9.0+15)$cm

$\qquad =5.037$m

$\phi22$ 钢筋的根数：$L_2/0.25+1=(10/0.25+1)$根$=41$根

$\phi22$ 钢筋的质量：$41\times5.037\times2.980$kg$=0.615$t

$\phi10$ 钢筋的长度：10m

$\phi10$ 钢筋的根数：$(B-0.09)/0.2+1=[(2.5-0.09)/0.2+1]$根$=13$根

$\phi10$ 钢筋的质量：$10\times13\times0.617$kg$=0.080$t

$\phi20$ 钢筋的长度：$B-9.0+h+0.05B-9.0+15+15$

$\qquad =(250-9.0+45+0.05\times250-9.0+15+15)$cm

$\qquad =3.195$m

$\phi20$ 钢筋的根数：$L_2/0.2+1=(10/0.2+1)$根$=51$根

$\phi20$ 钢筋的质量：$3.195\times51\times2.466$kg$=0.402$t

（3）在 K0+120～K0+130 段

$L_3=10$m，$H_3=4.385$m，取 $h=50$cm，$B=310$cm，$B_1=30$cm，$B_2=53$cm

$\phi8$ 钢筋的长度：10m

$\phi8$ 钢筋的根数：$(H_3-0.09)/0.15+1+1$

$\qquad =[(4.385-0.09)/0.15+1+1]$根

$\qquad =31$ 根

$\phi8$ 钢筋的质量：$10\times31\times0.396$kg$=0.123$t

$\phi22$ 钢筋的长度：$B_1+B_2-9.2+50.4+H+h-9.0+15$

$$=(30+53-9.2+50.4+438.5+50-9.0+15)\text{cm}$$
$$=6.187\text{m}$$

$\phi22$ 钢筋的根数：$L_3/0.25+1=(10/0.25+1)$ 根 $=41$ 根

$\phi22$ 钢筋的质量：$41\times6.187\times2.980\text{kg}=0.756\text{t}$

$\phi10$ 钢筋的长度：10m

$\phi10$ 钢筋的根数：$(B-0.09)/0.2+1=[(3.10-0.09)/0.2+1]$ 根 $=16$ 根

$\phi10$ 钢筋的质量：$10\times16\times0.617\text{kg}=0.099\text{t}$

$\phi20$ 钢筋的长度：$B-9.0+h+0.05B-9.0+15+15$
$$=(310-9.0+50+0.05\times310-9.0+15+15)\text{cm}$$
$$=3.875\text{m}$$

$\phi20$ 钢筋的根数：$L_3/0.2+1=(10/0.2+1)$ 根 $=51$ 根

$\phi20$ 钢筋的质量：$3.875\times51\times2.466\text{kg}=0.487\text{t}$

（4）在 K0+130～K0+140 段

$L_4=10\text{m}$，$H_4=4.88\text{m}$，取 $h=50\text{cm}$，$B=310\text{cm}$，$B_1=30\text{cm}$，$B_2=53\text{cm}$

$\phi8$ 钢筋的长度：10m

$\phi8$ 钢筋的根数：$(H_4-0.09)/0.15+1+1$
$$=[(4.88-0.09)/0.15+2]\text{根}$$
$$=34\text{ 根}$$

$\phi8$ 钢筋的质量：$10\times34\times0.396\text{kg}=0.135\text{t}$

$\phi22$ 钢筋的长度：$B_1+B_2-9.2+50.4+H+h-9.0+15$
$$=(30+53-9.2+50.4+4.88+50-9.0+15)\text{cm}$$
$$=6.682\text{m}$$

$\phi22$ 钢筋的根数：$L_4/0.25+1=(10/0.25+1)$ 根 $=41$ 根

$\phi22$ 钢筋的质量：$6.682\times41\times2.98\text{kg}=0.816\text{t}$

$\phi10$ 钢筋的长度：10m

$\phi10$ 钢筋的根数：$(B-0.09)/0.2+1$
$$=[(3.10-0.09)/0.2+1]\text{根}$$
$$=16\text{ 根}$$

$\phi10$ 钢筋的质量：$10\times16\times0.617\text{kg}=0.099\text{t}$

$\phi20$ 钢筋的长度：$B-9.0+h+0.05B-9.0+15+15$
$$=(310-9.0+50+0.05\times310-9.0+15+15)\text{cm}$$
$$=3.875\text{m}$$

$\phi20$ 钢筋的根数：$L_4/0.2+1=(10/0.2+1)$ 根 $=51$ 根

$\phi20$ 钢筋的质量：$3.875\times51\times2.466\text{kg}=0.487\text{t}$

（5）在 K0+140～K0+150 段

$H_5=4.695\text{m}$，取 $h=50\text{cm}$，$B=310\text{cm}$，$B_1=30\text{cm}$，$B_2=53\text{cm}$

$\phi8$ 钢筋的长度：10m

$\phi8$ 钢筋的根数：$(H_5-0.09)/0.15+1+1$

$\qquad\qquad =[(4.695-0.09)/0.15+2]$根

$\qquad\qquad =33$ 根

$\phi8$ 钢筋的质量：$10\times33\times0.396\text{kg}=0.131\text{t}$

$\phi22$ 钢筋的长度：$B_1+B_2-9.2+50.4+H+h-9.0+15$

$\qquad\qquad =(30+53-9.2+50.4+469.5+50-9.0+15)\text{cm}$

$\qquad\qquad =6.497\text{m}$

$\phi22$ 钢筋的根数：$L_5/0.25+1=(10/0.25+1)$根$=41$ 根

$\phi22$ 钢筋的质量：$41\times6.497\times2.980\text{kg}=0.794\text{t}$

$\phi10$ 钢筋的长度：10m

$\phi10$ 钢筋的根数：$(B-0.09)/0.2+1$

$\qquad\qquad =[(3.10-0.09)/0.2+1]$根

$\qquad\qquad =16$ 根

$\phi10$ 钢筋的质量：$10\times16\times0.617\text{kg}=0.099\text{t}$

$\phi20$ 钢筋的长度：$B-9.0+h+0.05B-9.0+15+15$

$\qquad\qquad =(310-9.0+50+0.05\times310-9.0+15+15)\text{cm}$

$\qquad\qquad =3.875\text{m}$

$\phi20$ 钢筋的根数：$L_5/0.2+1=(10/0.2+1)$根$=51$ 根

$\phi20$ 钢筋的质量：$3.875\times51\times2.466\text{kg}=0.487\text{t}$

（6）在 K0+150～K0+160 段

$L_6=10\text{m}$，$H_6=4.70\text{m}$取，$h=50\text{cm}$，$B=310\text{cm}$，

$B_1=30\text{cm}$，$B_2=53\text{cm}$

$\phi8$ 钢筋的长度：10m

$\phi8$ 钢筋的根数：$(H_6-0.09)/0.15+1+1$

$\qquad\qquad =[(4.70-0.09)/0.15+1+1]$根

$\qquad\qquad =33$ 根

$\phi8$ 钢筋的质量：$10\times33\times0.396\text{kg}=0.131\text{t}$

$\phi22$ 钢筋的长度：$B_1+B_2-9.2+50.4+H+h-9.0+15$

$\qquad\qquad =(30+53-9.2+50.4+470.0+50-9.0+15)\text{cm}$

$\qquad\qquad =6.502\text{m}$

$\phi22$ 钢筋的根数：$L_6/0.25+1=(10/0.25+1)$根$=41$ 根

$\phi22$ 钢筋的质量：$6.502\times41\times2.980\text{kg}=0.794\text{t}$

分析知 $\phi10$ 钢筋的质量同（5）中的一样为 0.099t，$\phi20$ 钢筋也同（5）中的 $\phi20$ 一样为 0.487t

（7）在 K0+160～K0+170 段

$L_7=10\text{m}$，$H_7=3.335\text{m}$

分析知情况同（2），故在此无须再次计算，结果如下：

$\phi8$ 钢筋的质量：0.095t

$\phi22$ 钢筋的质量：0.615t

$\phi10$ 钢筋的质量：0.080t

$\phi20$ 钢筋的质量：0.402t

（8）在 K0+170～K0+180 段

$L_8=10m$，$H_8=2.45m$，取 $h=40cm$，$B=200cm$，$B_1=30cm$，$B_2=43cm$

$\phi8$ 钢筋的长度：10m

$\phi8$ 钢筋的根数：$(H_8-0.09)/0.15+1+1$

　　　　　　　$=[(2.45-0.09)/0.15+2]$根

　　　　　　　$=18$ 根

$\phi8$ 钢筋的质量：$10\times18\times0.396kg=0.071t$

$\phi22$ 钢筋的长度：$B_1+B_2-9.2+50.4+H+h-9.0+15$

　　　　　　　$=(30+43-9.2+50.4+245+40-9.0+15)cm$

　　　　　　　$=4.052m$

$\phi22$ 钢筋的根数：$L_8/0.25+1$

　　　　　　　$=(10/0.25+1)$根

　　　　　　　$=41$ 根

$\phi22$ 钢筋的质量：$41\times4.052\times2.980kg=0.495t$

$\phi10$ 钢筋的长度：10m

$\phi10$ 钢筋的根数：$(B-0.09)/0.2+1$

　　　　　　　$=[(2.0-0.09)/0.2+1]$根

　　　　　　　$=11$ 根

$\phi10$ 钢筋的质量：$10\times11\times0.617kg=0.068t$

$\phi20$ 钢筋的长度：$B-9.0+h+0.05B-9.0+15+15$

　　　　　　　$=(200-9.0+40+0.05\times200-9.0+15+15)cm$

　　　　　　　$=2.62m$

$\phi20$ 钢筋的根数：$L_8/0.2+1=(10/0.2+1)$根$=51$ 根

$\phi20$ 钢筋的质量：$2.62\times51\times2.466kg=0.330t$

（9）在 K0+180～K0+190 段

$L_9=10m$，$H_9=3.995m$，取 $h=45cm$，$B=250cm$，$B_1=30cm$，$B_2=48cm$

$\phi8$ 钢筋的长度：10m

$\phi8$ 钢筋的根数：$(H_9-0.09)/0.15+1+1$

　　　　　　　$=[(3.995-0.09)/0.15+1+1]$根

　　　　　　　$=28$ 根

$\phi8$ 钢筋的质量：$10\times28\times0.396kg=0.111t$

$\phi22$ 钢筋的长度：$B_1+B_2-9.2+50.4+H+h-9.0+15$

　　　　　　　$=(30+48-9.2+50.4+399.5+45-9.0+15)cm$

$=5.697\text{m}$

$\phi 22$ 钢筋的根数：$L_9/0.25+1=(10/0.25+1)$根$=41$根

$\phi 22$ 钢筋的质量：$41\times 5.697\times 2.980\text{kg}=0.696\text{t}$

$\phi 10$ 钢筋的长度：10m

$\phi 10$ 钢筋的根数：$(B-0.09)/0.2+1$

$\qquad =[(2.5-0.09)/0.2+1]$根

$\qquad =13$根

$\phi 10$ 钢筋的质量：$10\times 13\times 0.617\text{kg}=0.080\text{t}$

$\phi 20$ 钢筋的长度：$B-9.0+h+0.05B-9.0+15+15$

$\qquad =(250-9.0+45+0.05\times 250-9.0+15+15)\text{cm}$

$\qquad =3.195\text{m}$

$\phi 20$ 钢筋的根数：$L_9/0.2+1=(10/0.2+1)$根$=51$根

$\phi 20$ 钢筋的质量：$51\times 3.195\times 2.466\text{kg}=0.402\text{t}$

（10）在 K0+190～K0+200 段

$L_{10}=10\text{m}$，$H_{10}=4.325\text{m}$，取 $h=50\text{cm}$，$B=310\text{cm}$，$B_1=30\text{cm}$，$B_2=53\text{cm}$

$\phi 8$ 钢筋的长度：10m

$\phi 8$ 钢筋的根数：$(H_{10}-0.09)/0.15+1+1$

$\qquad =[(4.325-0.09)/0.15+2]$根

$\qquad =31$根

$\phi 8$ 钢筋的质量：$10\times 31\times 0.396\text{kg}=0.123\text{t}$

$\phi 22$ 钢筋的长度：$B_1+B_2-9.2+50.4+H+h-9.0+15$

$\qquad =(30+53-9.2+50.4+432.5+50-9.0+15)\text{cm}$

$\qquad =6.127\text{m}$

$\phi 22$ 钢筋的根数：$L_{10}/0.25+1=(10/0.25+1)$根$=41$根

$\phi 22$ 钢筋的质量：$41\times 6.127\times 2.980\text{kg}=0.749\text{t}$

$\phi 10$ 钢筋的长度：10m

$\phi 10$ 钢筋的根数：$(B-0.09)/0.2+1$

$\qquad =[(3.10-0.09)/0.2+1]$根

$\qquad =16$根

$\phi 10$ 钢筋的质量：$10\times 16\times 0.617\text{kg}=0.099\text{t}$

$\phi 20$ 钢筋的长度：$B-9.0+h+0.05B-9.0+15+15$

$\qquad =(310-9.0+50+0.05\times 310-9.0+15+15)\text{cm}$

$\qquad =3.875\text{m}$

$\phi 20$ 钢筋的根数：$L_{10}/0.2+1=(10/0.2+1)$根$=51$根

$\phi 20$ 钢筋的质量：$3.875\times 51\times 2.466\text{kg}=0.487\text{t}$

（11）在 K0+200～K0+210 段

$L_{11}=10\text{m}$，$H_{11}=3.68\text{m}$，取 $h=45\text{cm}$，$B=250\text{cm}$，$B_1=30\text{cm}$，$B_2=48\text{cm}$

$\phi8$ 钢筋的长度：10m

$\phi8$ 钢筋的根数：$(H_{11}-0.09)/0.15+1+1$
$$=[(3.68-0.09)/0.15+1+1]根$$
$$=26 根$$

$\phi8$ 钢筋的质量：$10\times26\times0.396kg=0.103t$

$\phi22$ 钢筋的长度：$B_1+B_2-9.2+50.4+H+h-9.0+15$
$$=(30+48-9.2+50.4+368+45-9.0+15)cm$$
$$=5.382m$$

$\phi22$ 钢筋的根数：$L_{11}/0.25+1=(10/0.25+1)根=41 根$

$\phi22$ 钢筋的质量：$5.382\times41\times2.980kg=0.658t$

$\phi10$ 钢筋的长度：10m

$\phi10$ 钢筋的根数：$(B-0.09)/0.2+1$
$$=[(2.5-0.09)/0.2+1]根$$
$$=13 根$$

$\phi10$ 钢筋的质量：$10\times13\times0.617kg=0.080t$

$\phi20$ 钢筋的长度：$B-9.0+h+0.05B-9.0+15+15$
$$=(250-9.0+45+0.05\times250-9.0+15+15)cm$$
$$=3.195m$$

$\phi20$ 钢筋的根数：$L_{11}/0.2+1=(10/0.2+1)根=51 根$

$\phi20$ 钢筋的质量：$3.195\times51\times2.466kg=0.402t$

（12）在 K0+210～K0+220 段

$H_{12}=4.56m$，取 $h=50cm$，$B=310cm$，$B_1=30cm$，$B_2=53cm$

$\phi8$ 钢筋的长度：10m

$\phi8$ 钢筋的根数：$(H_{12}-0.09)/0.15+1+1$
$$=[(4.56-0.09)/0.15+2]根$$
$$=32 根$$

$\phi8$ 钢筋的质量：$10\times32\times0.396kg=0.127t$

$\phi22$ 钢筋的长度：$B_1+B_2-9.2+50.4+H+h-9.0+15$
$$=(30+53-9.2+50.4+456+50-9.0+15)cm$$
$$=6.362m$$

$\phi22$ 钢筋的根数：$L_{12}/0.25+1=(10/0.25+1)根=41 根$

$\phi22$ 钢筋的质量：$6.362\times41\times2.980kg=0.777t$

$\phi10$ 钢筋的长度：10m

$\phi10$ 钢筋的根数：$(B-0.09)/0.2+1$
$$=[(3.10-0.09)/0.2+1]根$$
$$=16 根$$

$\phi10$ 钢筋的质量：$10\times16\times0.617kg=0.099t$

分析知 $\phi20$ 钢筋同（10）中的 $\phi20$ 钢筋质量相同，为 0.487t

（13）在 K0+220～K0+230 段

$H_{13}=3.24$m，取 $h=45$cm，$B=250$cm，$B_1=30$cm，$B_2=48$cm

$\phi8$ 钢筋的长度：10m

$\phi8$ 钢筋的根数：$(H_{13}-0.09)/0.15+1+1$
$=[(3.24-0.09)/0.15+2]$根
$=23$ 根

$\phi8$ 钢筋的质量：$10\times23\times0.396$kg$=0.091$t

$\phi22$ 钢筋的长度：$B_1+B_2-9.2+50.4+H+h-9.0+15$
$=(30+48-9.2+50.4+324+45-9.0+15)$cm
$=4.942$m

$\phi22$ 钢筋的根数：$L_{13}/0.25+1=(10/0.25+1)$根$=41$ 根

$\phi22$ 钢筋的质量：$4.942\times41\times2.980$kg$=0.604$t

分析知 $\phi10$ 和 $\phi20$ 均为基础上的钢筋，且此时的基础尺寸与（11）的相同，则 $\phi10$ 钢筋的质量为 0.080t，$\phi20$ 钢筋的质量为 0.402t

（14）在 K0+230～K0+240 段

$H_{14}=2.21$m，取 $h=40$cm，$B=200$cm，$B_1=30$cm，$B_2=43$cm

$\phi8$ 钢筋的长度：10m

$\phi8$ 钢筋的根数：$(H_{14}-0.09)/0.15+1+1$
$=[(2.21-0.09)/0.15+2]$根
$=16$ 根

$\phi8$ 钢筋的质量：$10\times16\times0.396$kg$=0.063$t

$\phi22$ 钢筋的长度：$B_1+B_2-9.2+50.4+H+h-9.0+15$
$=(30+43-9.2+50.4+221+40-9.0+15)$cm
$=3.812$m

$\phi22$ 钢筋的根数：$L_{14}/0.25+1$
$=(10/0.25+1)$根
$=41$ 根

$\phi22$ 钢筋的质量：$3.812\times41\times2.980$kg$=0.466$t

分析知 $\phi10$ 和 $\phi22$ 均为基础上的钢筋，且此时的基础尺寸与（8）相同，则 $\phi10$ 钢筋的质量为 0.068t，$\phi20$ 钢筋的质量为 0.330t

（15）在 K0+240～K0+250 段

$H_{15}=3.935$m，取 $h=45$cm，$B=250$cm，$B_1=30$cm，$B_2=48$cm

$\phi8$ 钢筋的长度：10m

$\phi8$ 钢筋的根数：$(H_{15}-0.09)/0.15+1+1$
$=[(3.935-0.09)/0.15+2]$根
$=28$ 根

$\phi 8$ 钢筋的质量：$10 \times 28 \times 0.396 \text{kg} = 0.111 \text{t}$

$\phi 22$ 钢筋的长度：$B_1 + B_2 - 9.2 + H + h + 50.4 - 9.0 + 15$

$$= (30 + 48 - 9.2 + 393.5 + 45 + 50.4 - 9.0 + 15) \text{cm}$$

$$= 5.637 \text{m}$$

$\phi 22$ 钢筋的根数：$L_{15}/0.25 + 1 = (10/0.25 + 1)$ 根 $= 41$ 根

$\phi 22$ 钢筋的质量：$5.637 \times 41 \times 2.980 \text{kg} = 0.689 \text{t}$

分析知 $\phi 10$ 和 $\phi 20$ 均为基础上的钢筋，且此时的基础尺寸与（11）相同，则 $\phi 10$ 钢筋的质量为 0.080t，$\phi 20$ 钢筋的质量为 0.402t

（16）在 K0+250～K0+260 段

$H_{16} = 3.45 \text{m}$，取 $h = 45 \text{cm}$，$B = 250 \text{cm}$，$B_1 = 30 \text{cm}$，$B_2 = 48 \text{cm}$

$\phi 8$ 钢筋的长度：10m

$\phi 8$ 钢筋的根数：$(H_{16} - 0.09)/0.15 + 1 + 1$

$$= [(3.45 - 0.09)/0.15 + 2] \text{根}$$

$$= 25 \text{根}$$

$\phi 8$ 钢筋的质量：$10 \times 25 \times 0.396 \text{kg} = 0.099 \text{t}$

$\phi 22$ 钢筋的长度：$B_1 + B_2 - 9.2 + H + h + 50.4 - 9.0 + 15$

$$= (30 + 48 - 9.2 + 345 + 45 + 50.4 - 9.0 + 15) \text{cm}$$

$$= 5.152 \text{m}$$

$\phi 22$ 钢筋的根数：$L_{16}/0.25 + 1 = (10/0.25 + 1)$ 根 $= 41$ 根

$\phi 22$ 钢筋的质量：$5.152 \times 41 \times 2.980 \text{kg} = 0.629 \text{t}$

分析知 $\phi 10$ 和 $\phi 20$ 均为基础上的钢筋，且此时的基础尺寸与（15）相同，则 $\phi 10$ 钢筋的质量为 0.080t，$\phi 20$ 钢筋的质量为 0.402t

（17）在 K0+260～K0+270 段

$H_{17} = 3.145 \text{m}$，取 $h = 45 \text{cm}$，$B = 250 \text{cm}$，$B_1 = 30 \text{cm}$，$B_2 = 48 \text{cm}$

$\phi 8$ 钢筋的长度：10m

$\phi 8$ 钢筋的根数：$(H_{17} - 0.09)/0.15 + 1 + 1$

$$= [(3.145 - 0.09)/0.15 + 2] \text{根}$$

$$= 23 \text{根}$$

$\phi 8$ 钢筋的质量：$10 \times 23 \times 0.396 \text{kg} = 0.091 \text{t}$

$\phi 22$ 钢筋的长度：$B_1 + B_2 - 9.2 + 50.4 + H + h - 9.0 + 15$

$$= (30 + 48 - 9.2 + 50.4 + 314.5 + 45 - 9.0 + 15) \text{cm}$$

$$= 4.847 \text{m}$$

$\phi 22$ 钢筋的根数：$L_{17}/0.25 + 1 = (10/0.25 + 1)$ 根 $= 41$ 根

$\phi 22$ 钢筋的质量：$4.847 \times 41 \times 2.980 \text{kg} = 0.592 \text{t}$

分析知 $\phi 10$ 和 $\phi 20$ 均为基础上的钢筋，且此时的基础尺寸与（16）相同，则 $\phi 10$ 钢筋的质量为 0.080t，$\phi 20$ 钢筋的质量为 0.402t

（18）在 K0+270～K0+280 段

$H_{18}=4.49\text{m}$，取 $h=50\text{cm}$，$B=310\text{cm}$，$B_1=30\text{cm}$，$B_2=53\text{cm}$

$\phi8$ 钢筋的长度：10m

$\phi8$ 钢筋的根数：$(H_{18}-0.09)/0.15+1+1$

$\qquad\qquad=[(4.49-0.09)/0.15+2]$根

$\qquad\qquad=32$ 根

$\phi8$ 钢筋的质量：$10\times32\times0.396\text{kg}=0.127\text{t}$

$\phi22$ 钢筋的长度：$B_1+B_2-9.2+50.4+H+h-9.0+15$

$\qquad\qquad=(30+53-9.2+50.4+449+50-9.0+15)\text{cm}$

$\qquad\qquad=6.292\text{m}$

$\phi22$ 钢筋的根数：$L_{18}/0.25+1=(10/0.25+1)$根$=41$ 根

$\phi22$ 钢筋的质量：$6.292\times41\times2.980\text{kg}=0.769\text{t}$

分析知 $\phi10$ 和 $\phi20$ 均为基础上的钢筋，且此时的基础尺寸与（12）相同，则 $\phi10$ 钢筋的质量为 0.099t，$\phi20$ 钢筋的质量为 0.487t

（19）在 K0+280～K0+290 段

$H_{19}=3.99\text{m}$，取 $h=45\text{cm}$，$B=250\text{cm}$，$B_1=30\text{cm}$，$B_2=48\text{cm}$

$\phi8$ 钢筋的长度：10m

$\phi8$ 钢筋的根数：$(H_{19}-0.09)/0.15+1+1$

$\qquad\qquad=[(3.99-0.09)/0.15+2]$根

$\qquad\qquad=28$ 根

$\phi8$ 钢筋的质量：$10\times28\times0.396\text{kg}=0.111\text{t}$

$\phi22$ 钢筋的长度：$B_1+B_2-9.2+50.4+H+h-9.0+15$

$\qquad\qquad=(30+48-9.2+50.4+399+45-9.0+15)\text{cm}$

$\qquad\qquad=5.692\text{m}$

$\phi22$ 钢筋的根数：$L_{19}/0.25+1=(10/0.25+1)$根$=41$ 根

$\phi22$ 钢筋的质量：$5.692\times41\times2.980\text{kg}=0.695\text{t}$

分析知 $\phi10$ 和 $\phi20$ 均为基础上的钢筋，且此时的基础尺寸与（17）相同，则 $\phi10$ 钢筋的质量为 0.080t，$\phi20$ 钢筋的质量为 0.402t

（20）在 K0+290～K0+300 段

$H_{20}=3.97\text{m}$，取 $h=45\text{cm}$，$B=250\text{cm}$，$B_1=30\text{cm}$，$B_2=48\text{cm}$

$\phi8$ 钢筋的长度：10m

$\phi8$ 钢筋的根数：$(H_{20}-0.09)/0.15+1+1$

$\qquad\qquad=[(3.97-0.09)/0.15+2]$根

$\qquad\qquad=28$ 根

$\phi8$ 钢筋的质量：$10\times28\times0.396\text{kg}=0.111\text{t}$

$\phi22$ 钢筋的长度：$B_1+B_2-9.2+50.4+H+h-9.0+15$

$\qquad\qquad=(30+48-9.2+50.4+397+45-9.0+15)\text{cm}$

$\qquad\qquad=5.672\text{m}$

$\phi22$ 钢筋的根数：$L_{20}/0.25+1=(10/0.25+1)$根$=41$根

$\phi22$ 钢筋的质量：$5.672\times41\times2.980\mathrm{kg}=0.693\mathrm{t}$

分析知 $\phi10$ 和 $\phi20$ 均为基础上的钢筋，且此时的基础尺寸与（19）相同，则$\phi10$钢筋的质量为 $0.080\mathrm{t}$，$\phi20$ 钢筋的质量为 $0.402\mathrm{t}$

（21）在 K0+300～K0+310 段

$H_{21}=4.35\mathrm{m}$，取 $h=50\mathrm{cm}$，$B=310\mathrm{cm}$，$B_1=30\mathrm{cm}$，$B_2=53\mathrm{cm}$

$\phi8$ 钢筋的长度：$10\mathrm{m}$

$\phi8$ 钢筋的根数：$(H_{21}-0.09)/0.15+1+1$
$$=[(4.35-0.09)/0.15+2]根$$
$$=31\ 根$$

$\phi8$ 钢筋的质量：$10\times31\times0.396\mathrm{kg}=0.123\mathrm{t}$

$\phi22$ 钢筋的长度：$B_1+B_2-9.2+50.4+H+h-9.0+15$
$$=(30+53-9.2+50.4+435+50-9.0+15)\mathrm{cm}$$
$$=6.152\mathrm{m}$$

$\phi22$ 钢筋的根数：$L_{21}/0.25+1=(10/0.25+1)$根$=41$根

$\phi22$ 钢筋的质量：$6.152\times41\times2.980\mathrm{kg}=0.752\mathrm{t}$

分析知 $\phi10$ 和 $\phi20$ 均为基础上的钢筋，且此时的基础尺寸与（18）相同，则$\phi10$钢筋的质量为 $0.099\mathrm{t}$，$\phi20$ 钢筋的质量为 $0.487\mathrm{t}$

（22）在 K0+310～K0+320 段

$H_{22}=4.06\mathrm{m}$，取 $h=50\mathrm{cm}$，$B=310\mathrm{cm}$，$B_1=30\mathrm{cm}$，$B_2=53\mathrm{cm}$

$\phi8$ 钢筋的长度：$10\mathrm{m}$

$\phi8$ 钢筋的根数：$(H_{22}-0.09)/0.15+1+1$
$$=[(4.06-0.09)/0.15+2]根$$
$$=29\ 根$$

$\phi8$ 钢筋的质量：$10\times29\times0.396\mathrm{kg}=0.115\mathrm{t}$

$\phi22$ 钢筋的长度：$B_1+B_2-9.2+50.4+H+h-9.0+15$
$$=(30+53-9.2+50.4+406+50-9.0+15)\mathrm{cm}$$
$$=5.862\mathrm{m}$$

$\phi22$ 钢筋的根数：$L_{22}/0.25+1=(10/0.25+1)$根$=41$根

$\phi22$ 钢筋的质量：$5.862\times41\times2.980\mathrm{kg}=0.716\mathrm{t}$

分析知 $\phi10$ 和 $\phi20$ 均为基础上的钢筋，且此时的基础尺寸与（21）相同，则$\phi10$钢筋的质量为 $0.099\mathrm{t}$，$\phi20$ 钢筋的质量为 $0.487\mathrm{t}$

（23）在 K0+320～K0+330 段

$H_{23}=3.595\mathrm{m}$，取 $h=45\mathrm{cm}$，$B=250\mathrm{cm}$，$B_1=30\mathrm{cm}$，$B_2=48\mathrm{cm}$

$\phi8$ 钢筋的长度：$10\mathrm{m}$

$\phi8$ 钢筋的根数：$(H_{23}-0.09)/0.15+1+1$
$$=[(3.595-0.09)/0.15+2]根$$

=26 根

$\phi 8$ 钢筋的质量：$10 \times 26 \times 0.396 \mathrm{kg} = 0.103 \mathrm{t}$

$\phi 22$ 钢筋的长度：$B_1 + B_2 - 9.2 + 50.4 + H + h - 9.0 + 15$

$\qquad = (30 + 48 - 9.2 + 50.4 + 359.5 + 45 - 9.0 + 15) \mathrm{cm}$

$\qquad = 5.297 \mathrm{m}$

$\phi 22$ 钢筋的根数：$L_{23}/0.25 + 1 = (10/0.25 + 1)$ 根 $= 41$ 根

$\phi 22$ 钢筋的质量：$5.297 \times 41 \times 2.980 \mathrm{kg} = 0.647 \mathrm{t}$

分析知 $\phi 10$ 和 $\phi 20$ 均为基础上的钢筋，且此时的基础尺寸与（20）相同，则 $\phi 10$ 钢筋的质量为 0.080t，$\phi 20$ 钢筋的质量为 0.402t。

（24）在 K0+330～K0+340 段

$H_{24} = 4.09 \mathrm{m}$，$L_{24} = 10 \mathrm{m}$，取 $h = 50 \mathrm{cm}$，$B = 310 \mathrm{cm}$，$B_1 = 30 \mathrm{cm}$，$B_2 = 53 \mathrm{cm}$

$\phi 8$ 钢筋的长度：10m

$\phi 8$ 钢筋的根数：$(H_{24} - 0.09)/0.15 + 1 + 1$

$\qquad = [(4.09 - 0.09)/0.15 + 2]$ 根

$\qquad = 29$ 根

$\phi 8$ 钢筋的质量：$10 \times 29 \times 0.396 \mathrm{kg} = 0.115 \mathrm{t}$

$\phi 22$ 钢筋的长度：$B_1 + B_2 - 9.2 + 50.4 + H + h - 9.0 + 15$

$\qquad = (30 + 53 - 9.2 + 50.4 + 409 + 50 - 9.0 + 15) \mathrm{cm}$

$\qquad = 5.892 \mathrm{m}$

$\phi 22$ 钢筋的根数：$L_{24}/0.25 + 1 = (10/0.25 + 1)$ 根 $= 41$ 根

$\phi 22$ 钢筋的质量：$5.892 \times 41 \times 2.980 \mathrm{kg} = 0.720 \mathrm{t}$

分析知 $\phi 10$ 和 $\phi 20$ 均为基础上的钢筋，且此时的基础尺寸与（22）相同，则 $\phi 10$ 钢筋的质量为 0.099t，$\phi 20$ 钢筋的质量为 0.487t。

（25）在 K0+340～K0+350 段

$H_{25} = 4.515 \mathrm{m}$，$L_{25} = 10 \mathrm{m}$，取 $h = 50 \mathrm{cm}$，$B = 310 \mathrm{cm}$，$B_1 = 30 \mathrm{cm}$，$B_2 = 53 \mathrm{cm}$

$\phi 8$ 钢筋的长度：10m

$\phi 8$ 钢筋的根数：$(H_{25} - 0.09)/0.15 + 1 + 1$

$\qquad = [(4.515 - 0.09)/0.15 + 2]$ 根

$\qquad = 32$ 根

$\phi 8$ 钢筋的质量：$10 \times 32 \times 0.396 \mathrm{kg} = 0.127 \mathrm{t}$

$\phi 22$ 钢筋的长度：$B_1 + B_2 - 9.2 + 50.4 + H + h - 9.0 + 15$

$\qquad = (30 + 53 - 9.2 + 50.4 + 451.5 + 50 - 9.0 + 15) \mathrm{cm}$

$\qquad = 6.317 \mathrm{m}$

$\phi 22$ 钢筋的根数：$L_{25}/0.25 + 1 = (10/0.25 + 1)$ 根 $= 41$ 根

$\phi 22$ 钢筋的质量：$6.317 \times 41 \times 2.980 \mathrm{kg} = 0.772 \mathrm{t}$

分析知 $\phi 10$ 和 $\phi 20$ 均为基础上的钢筋，且此时的基础尺寸与（24）相同，则 $\phi 10$ 钢筋的质量为 0.099t，$\phi 20$ 钢筋的质量为 0.487t。

（26）在 K0+350～K0+360 段

$L_{26}=10m$，$H_{26}=2.87m$，取 $h=40cm$，$B=200cm$，$B_1=30cm$，$B_2=43cm$

$\phi8$ 钢筋的长度：10m

$\phi8$ 钢筋的根数：$(H_{26}-0.09)/0.15+1+1$

$$=[(2.87-0.09)/0.15+1+1]根$$

$$=21根$$

$\phi8$ 钢筋的质量：$10\times21\times0.396kg=0.083t$

$\phi22$ 钢筋的长度：$B_1+B_2-9.2+50.4+H+h-9.0+15$

$$=(30+43-9.2+50.4+287+40-9.0+15)cm$$

$$=4.472m$$

$\phi22$ 钢筋的根数：$L_{26}/0.25+1=(10/0.25+1)根=41根$

$\phi22$ 钢筋的质量：$4.472\times41\times2.980kg=0.546t$

分析知 $\phi10$ 和 $\phi20$ 均为基础上的钢筋，且此时的基础尺寸与（14）相同。则 $\phi10$ 钢筋的质量为 0.068t，$\phi20$ 钢筋的质量为 0.330t

（27）在 K0+360～K0+370 段

$L_{27}=10m$，$H_{27}=2.32m$，取 $h=40cm$，$B=200cm$，$B_1=30cm$，$B_2=43cm$

$\phi8$ 钢筋的长度：10m

$\phi8$ 钢筋的根数：$(H_{27}-0.09)/0.15+1+1$

$$=[(2.32-0.09)/0.15+2]根$$

$$=17根$$

$\phi8$ 钢筋的质量：$10\times17\times0.396kg=0.067t$

$\phi22$ 钢筋的长度：$B_1+B_2-9.2+50.4+H+h-9.0+15$

$$=(30+43-9.2+50.4+232+40-9.0+15)cm$$

$$=3.922m$$

$\phi22$ 钢筋的根数：$L_{27}/0.25+1=(10/0.25+1)根=41根$

$\phi22$ 钢筋的质量：$3.922\times41\times2.980kg=0.479t$

分析知 $\phi10$ 和 $\phi20$ 均为基础上的钢筋，且此时的基础尺寸与（26）相同，则 $\phi10$ 钢筋的质量为 0.068t，$\phi20$ 钢筋的质量为 0.330t

（28）在 K0+370～K0+380 段

$L_{28}=10m$，$H_{28}=2.055m$，取 $h=40cm$，$B=200cm$，$B_1=30cm$，$B_2=43cm$

$\phi8$ 钢筋的长度：10m

$\phi8$ 钢筋的根数：$(H_{28}-0.09)/0.15+1+1$

$$=[(2.055-0.09)/0.15+2]根$$

$$=15根$$

$\phi8$ 钢筋的质量：$10\times15\times0.396kg=0.059t$

$\phi22$ 钢筋的长度：$B_1+B_2-9.2+50.4+H+h-9.0+15$

$$=(30+43-9.2+50.4+205.5+40-9.0+15)cm$$

$$=3.657m$$

$\phi22$ 钢筋的根数：$L_{28}/0.25+1=(10/0.25+1)$ 根 $=41$ 根

$\phi22$ 钢筋的质量：$3.657\times41\times2.980kg=0.447t$

分析知 $\phi10$ 和 $\phi20$ 均为基础上的钢筋，且此时的基础尺寸与（27）相同，则 $\phi10$ 钢筋的质量为 $0.068t$，$\phi20$ 钢筋的质量为 $0.330t$

（29）在 K0+380～K0+390 段

$L_{29}=10m$，$H_{29}=1.89m$，取 $h=40cm$，$B=150cm$，$B_1=30cm$，$B_2=38cm$

$\phi8$ 钢筋的长度：$10m$

$\phi8$ 钢筋的根数：$(H_{29}-0.09)/0.15+1+1$

$\qquad\qquad=[(1.89-0.09)/0.15+2]$ 根

$\qquad\qquad=14$ 根

$\phi8$ 钢筋的质量：$10\times14\times0.396kg=0.055t$

$\phi22$ 钢筋的长度：$B_i+B_2-9.2+50.4+H+h-9.0+15$

$\qquad\qquad=(30+38-9.2+50.4+189+40-9.0+15)cm$

$\qquad\qquad=3.442m$

$\phi22$ 钢筋的根数：$L_{29}/0.25+1=(10/0.25+1)$ 根 $=41$ 根

$\phi22$ 钢筋的质量：$3.442\times41\times2.980kg=0.421t$

$\phi10$ 钢筋的长度：$10m$

$\phi10$ 钢筋的根数：$(B-0.09)/0.2+1$

$\qquad\qquad=[(1.5-0.09)/0.2+1]$ 根

$\qquad\qquad=8$ 根

$\phi10$ 钢筋的质量：$10\times8\times0.396kg=0.032t$

$\phi20$ 钢筋的长度：$B-9.0+h+0.05B-9.0+15+15$

$\qquad\qquad=(150-9.0+40+0.05\times150-9.0+15+15)cm$

$\qquad\qquad=2.095m$

$\phi20$ 钢筋的根数：$L_{29}/0.2+1=(10/0.2+1)$ 根 $=51$ 根

$\phi20$ 钢筋的质量：$2.095\times51\times2.466kg=0.263t$

（30）在 K0+390～K0+400 段

$H_{30}=2.54m$，$L_{30}=10m$，取 $h=40cm$，$B=200cm$，$B_1=30cm$，$B_2=43cm$

$\phi8$ 钢筋的长度：$10m$

$\phi8$ 钢筋的根数：$(H_{30}-0.09)/0.15+1+1$

$\qquad\qquad=[(2.54-0.09)/0.15+2]$ 根

$\qquad\qquad=19$ 根

$\phi8$ 钢筋的质量：$10\times19\times0.396kg=0.075t$

$\phi22$ 钢筋的长度：$B_1+B_2-9.2+50.4+H+h-9.0+15$

$\qquad\qquad=(30+43-9.2+50.4+254+40-9.0+15)cm$

$\qquad\qquad=4.142m$

$\phi22$ 钢筋的根数：$L_{30}/0.25+1=(10/0.25+1)$ 根 $=41$ 根

$\phi22$ 钢筋的质量：$4.142\times41\times2.980\mathrm{kg}=0.506\mathrm{t}$

分析知 $\phi10$ 和 $\phi20$ 均为基础上的钢筋，且此时的基础尺寸与（28）相同，则 $\phi10$ 钢筋的质量为 $0.068\mathrm{t}$，$\phi20$ 钢筋的质量为 $0.330\mathrm{t}$

（31）在 K0+400～K0+410 段

$L_{31}=10\mathrm{m}$，$H_{31}=3.17\mathrm{m}$，取 $h=45\mathrm{cm}$，$B=250\mathrm{cm}$，$B_1=30\mathrm{cm}$，$B_2=48\mathrm{cm}$

$\phi8$ 钢筋的长度：$10\mathrm{m}$

$\phi8$ 钢筋的根数：$(H_{31}-0.09)/0.15+1+1$

$\qquad=[(3.17-0.09)/0.15+2]$ 根

$\qquad=23$ 根

$\phi8$ 钢筋的质量：$10\times23\times0.396\mathrm{kg}=0.091\mathrm{t}$

$\phi22$ 钢筋的长度：$B_1+B_2-9.2+50.4+H+h-9.0+15$

$\qquad=(30+48-9.2+50.4+317+45-9.0+15)\mathrm{cm}$

$\qquad=4.872\mathrm{m}$

$\phi22$ 钢筋的根数：$L_{31}/0.25+1=(10/0.25+1)$ 根 $=41$ 根

$\phi22$ 钢筋的质量：$4.872\times41\times2.980\mathrm{kg}=0.595\mathrm{t}$

分析知 $\phi10$ 和 $\phi20$ 均为基础上的钢筋，且此时的基础尺寸与（23）相同，则 $\phi10$ 钢筋的质量为 $0.080\mathrm{t}$，$\phi20$ 钢筋的质量为 $0.402\mathrm{t}$

（32）在 K0+410～K0+420 段

$L_{32}=10\mathrm{m}$，$H_{32}=3.11\mathrm{m}$，取 $h=45\mathrm{cm}$，$B=250\mathrm{cm}$，$B_1=30\mathrm{cm}$，$B_2=48\mathrm{cm}$

$\phi8$ 钢筋的长度：$10\mathrm{m}$

$\phi8$ 钢筋的根数：$(H_{32}-0.09)/0.15+1+1$

$\qquad=[(3.11-0.09)/0.15+2]$ 根

$\qquad=22$ 根

$\phi8$ 钢筋的质量：$10\times22\times0.396\mathrm{kg}=0.087\mathrm{t}$

$\phi22$ 钢筋的长度：$B_1+B_2-9.2+50.4+H+h-9.0+15$

$\qquad=(30+48-9.2+50.4+311+45-9.0+15)\mathrm{cm}$

$\qquad=4.812\mathrm{m}$

$\phi22$ 钢筋的根数：$L_{32}/0.25+1$

$\qquad=(10/0.25+1)$ 根

$\qquad=41$ 根

$\phi22$ 钢筋的质量：$4.812\times41\times2.980\mathrm{kg}=0.588\mathrm{t}$

分析知 $\phi10$ 和 $\phi20$ 均为基础上的钢筋，且此时的基础尺寸与（31）相同，则 $\phi10$ 钢筋的质量为 $0.080\mathrm{t}$，$\phi20$ 钢筋的质量为 $0.402\mathrm{t}$

（33）在 K0+420～K0+430 段

$L_{33}=10\mathrm{m}$，$H_{33}=2.365\mathrm{m}$，取 $h=40\mathrm{cm}$，$B=200\mathrm{cm}$，$B_1=30\mathrm{cm}$，$B_2=43\mathrm{cm}$

$\phi8$ 钢筋的长度：$(10-0.035)\mathrm{m}=9.965\mathrm{m}$

$\phi 8$ 钢筋的根数：$(H_{33}-0.09)/0.15+1+1$

$\qquad = [(2.365-0.09)/0.15+2]$ 根

$\qquad = 17$ 根

$\phi 8$ 钢筋的质量：$10\times17\times0.396\text{kg}=0.067\text{t}$

$\phi 22$ 钢筋的长度：$B_1+B_2-9.2+50.4+H+h-9.0+15$

$\qquad = (30+43-9.2+50.4+236.5+40-9.0+15)\text{cm}$

$\qquad = 3.967\text{m}$

$\phi 22$ 钢筋的根数：$(L_{33}-0.035)/0.25+1$

$\qquad = [(10-0.035)/0.25+1]$ 根

$\qquad = 41$ 根

$\phi 22$ 钢筋的质量：$3.967\times41\times2.980\text{kg}=0.485\text{t}$

$\phi 10$ 钢筋的长度：$(10-0.035)$ m$=9.965$m

$\phi 10$ 钢筋的根数：$(B-0.09)/0.2+1$

$\qquad = [(2-0.09)/0.2+1]$ 根

$\qquad = 11$ 根

$\phi 10$ 钢筋的质量：$9.965\times11\times0.617\text{kg}=0.068\text{t}$

$\phi 20$ 钢筋的长度：$B-9.0+h+0.05B-9.0+15+15$

$\qquad = (200-9.0+40+0.05\times200-9.0+15+15)\text{cm}$

$\qquad = 2.62\text{m}$

$\phi 20$ 钢筋的根数：$[(10-0.035)/0.2+1]$ 根$=51$ 根

$\phi 20$ 钢筋的质量：$2.62\times51\times2.466\text{kg}=0.330\text{t}$

(34) 综合

$\phi 8$ 钢筋的质量：$(0.103+0.095+0.123+0.135+0.131+0.131+0.095+0.071+$
$0.111+0.123+0.103+0.127+0.091+0.063+0.111+0.099+$
$0.091+0.127+0.111+0.111+0.123+0.115+0.103+0.115+$
$0.127+0.083+0.067+0.059+0.055+0.075+0.091+0.087+$
$0.067)\text{t}=3.319\text{t}$

$\phi 22$ 钢筋的质量：$(0.655+0.615+0.756+0.816+0.794+0.794+0.615+$
$0.495+0.696+0.749+0.658+0.777+0.604+0.466+0.689$
$+0.629+0.592+0.769+0.695+0.693+0.752+0.716+0.647$
$+0.720+0.772+0.546+0.479+0.447+0.421+0.506+0.595$
$+0.588+0.485)\text{t}=21.231\text{t}$

$\phi 10$ 钢筋的质量：$(0.080+0.080+0.099+0.099+0.099+0.099+0.080+0.068+$
$0.080+0.099+0.080+0.099+0.080+0.068+0.080+0.080+$
$0.080+0.099+0.080+0.080+0.099+0.099+0.080+0.099+$
$0.099+0.068+0.068+0.068+0.032+0.068+0.080+0.080+$
$0.068)\text{t}=2.717\text{t}$

$\phi 20$ 钢筋的质量：$(0.402+0.402+0.487+0.487+0.487+0.487+0.402+0.330+$
$0.402+0.487+0.402+0.487+0.402+0.330+0.402+0.402+$
$0.402+0.487+0.402+0.402+0.487+0.487+0.402+0.487+$
$0.487+0.330+0.330+0.330+0.263+0.330+0.402+0.402+$
$0.330)t=13.558t$

合计：$\phi 10$ 以下的钢筋质量：$(3.319+2.717)t=6.036t$

　　　　$\phi 10$ 以上的钢筋质量：$(21.231+13.558)t=34.789t$

2）K1+540~K2+200 段挡土墙基础钢筋

$\phi 12$ 钢筋的长度：$(2200-1540)m=660m$

$\phi 12$ 钢筋的根数：$(2.92/0.2+1)$根$=16$ 根

$\phi 12$ 钢筋的质量：$660×16×0.888kg=9.377t$

$\phi 20$ 钢筋的长度：$(10+292+107+10)cm=4.19m$

$\phi 20$ 钢筋的根数：$[(2200-1540-0.03×2)/0.25+1]$根$=2641$ 根

$\phi 20$ 钢筋的质量：$4.19×2641×2.466kg=27.288t$

3）总结

$\phi 10$ 以下的钢筋质量：$6.036t$

$\phi 10$ 以上的钢筋质量：$(34.789+9.377+27.288)t=71.454t$

2. 定额工程量

（1）非预应力钢筋（$\phi 10$ 以内）：$6.036t$

（2）非预应力钢筋（$\phi 10$ 以外）：$71.454t$

工程量清单综合单价分析表见表 1-58、表 1-59。

1.5　工程算量计量技巧

工程量计算是施工图预算编制的主要内容，同时也是进行工程估价的重要依据。准确地计算工程量，对编制计划、财务管理以及对成本计划执行情况的分析都是非常重要的。

1. 计算工程量的依据

工程量是确定工程量清单、建筑工程直接费、编制施工组织设计、安排施工进度、编制材料供应计划、进行统计工作和实现经济核算的重要依据。

（1）施工图纸以及说明书、相关的图集、设计变更的资料、图纸答疑、会审记录等。

（2）施工组织设计方案。

（3）施工合同以及招标文件等。

（4）工程量计算规则。

2. 工程量计算的注意事项

（1）必须按工程量计算规则计算。

（2）必须按图纸计算。

（3）必须计算准确。

（4）计量单位必须一致。

（5）注意计算顺序。

（6）必须自我检查、反复复核。

1.6 清单综合单价详细分析

工程量清单综合单价分析表 表1-9

工程名称：某道路新建改建工程　　　　标段：　　　　　　　第　页　共　页

项目编码	040801001001	项目名称	拆除路面	计量单位	m²	工程量	9000

				清单综合单价组成明细							
定额编号	定额名称	定额单位	数量	单价（元）				合价（元）			
				人工费	材料费	机械费	管理费和利润	人工费	材料费	机械费	管理费和利润
1-545	人工拆除沥青柏油类面层（厚8cm）	100m²	0.01	186.28	—	—	39.12	1.86	—	—	0.39
人工单价			小　计					1.86	—	—	0.39
22.47元/工日			未计价材料费					—			
清单项目综合单价								2.25			

材料费明细	主要材料名称、规格、型号		单位	数量	单价（元）	合价（元）	暂估单价（元）	暂估合价（元）
	其他材料费					—		—
	材料费小计					—		—

工程量清单综合单价分析表 表1-10

工程名称：某道路新建改建工程　　　　标段：　　　　　　　第　页　共　页

项目编码	040801002001	项目名称	拆除基层	计量单位	m²	工程量	9000

				清单综合单价组成明细							
定额编号	定额名称	定额单位	数量	单价（元）				合价（元）			
				人工费	材料费	机械费	管理费和利润	人工费	材料费	机械费	管理费和利润
1-569	人工拆除无骨料多合土基层（厚10cm）	100m²	0.0108	175.04	—	—	36.76	1.89	—	—	0.40
1-570	人工拆除无骨料多合土基层（增5cm）	100m²	0.0108	87.63	—	—	18.40	0.95	—	—	0.20
人工单价			小　计					2.84	—	—	0.60
22.47元/工日			未计价材料费					—			
清单项目综合单价								3.44			

材料费明细	主要材料名称、规格、型号		单位	数量	单价（元）	合价（元）	暂估单价（元）	暂估合价（元）
	其他材料费					—		—
	材料费小计					—		—

工程量清单综合单价分析表　　　　　　　　表 1-11

工程名称：某道路新建改建工程　　　　　标段：　　　　　　第　页　共　页

项目编码	040801002002	项目名称		拆除基层		计量单位	m²	工程量		9000

清单综合单价组成明细

定额编号	定额名称	定额单位	数量	单价（元）				合价（元）			
				人工费	材料费	机械费	管理费和利润	人工费	材料费	机械费	管理费和利润
1－557	人工拆除碎石基层(厚15cm)	100m²	0.0108	230.77	—	—	48.46	2.49	—	—	0.52
1－558	人工拆除碎石基层(增5cm)	100m²	0.0108	76.40	—	—	16.04	0.83	—	—	0.17
人工单价				小　计				3.32	—		0.69
22.47元/工日				未计价材料费				—			
清单项目综合单价								4.01			

材料费明细	主要材料名称、规格、型号			单位	数量	单价（元）	合价（元）	暂估单价(元)	暂估合价(元)
	其他材料费					—	—		
	材料费小计					—	—		

工程量清单综合单价分析表　　　　　　　　表 1-12

工程名称：某道路新建改建工程　　　　　标段：　　　　　　第　页　共　页

项目编码	040801002003	项目名称		拆除基层		计量单位	m²	工程量		4800

清单综合单价组成明细

定额编号	定额名称	定额单位	数量	单价（元）				合价（元）			
				人工费	材料费	机械费	管理费和利润	人工费	材料费	机械费	管理费和利润
1－569	人工拆除无骨料多合土(石灰土)基层(厚10cm)	100m²	0.0115	175.04	—	—	36.76	2.01	—	—	0.42
1－570	人工拆除无骨料多合土(石灰土)基层(增5cm)	100m²	0.0115	87.63	—	—	18.40	1.01	—	—	0.21
人工单价				小　计				3.02	—		0.63
22.47元/工日				未计价材料费				—			
清单项目综合单价								3.65			

材料费明细	主要材料名称、规格、型号			单位	数量	单价（元）	合价（元）	暂估单价(元)	暂估合价(元)
	其他材料费					—	—		
	材料费小计					—	—		

工程量清单综合单价分析表　　　　　　　　表 1-13

工程名称：某道路新建改建工程　　　　　标段：　　　　　　第　页　共　页

项目编码	040801003001	项目名称		拆除人行道		计量单位	m²	工程量		4800

清单综合单价组成明细

定额编号	定额名称	定额单位	数量	单价（元）				合价（元）			
				人工费	材料费	机械费	管理费和利润	人工费	材料费	机械费	管理费和利润
1－576	拆除人行道(普通黏土砖,平铺)	100m²	0.01	55.28	—	—	11.61	0.55	—	—	0.12

续表

人工单价		小　计	0.55	—	—	0.12
22.47 元/工日		未计价材料费	—			
	清单项目综合单价		0.67			

材料费明细	主要材料名称、规格、型号	单位	数量	单价(元)	合价(元)	暂估单价(元)	暂估合价(元)
	其他材料费			—		—	
	材料费小计			—		—	

工程量清单综合单价分析表　　　　　表 1-14

工程名称：某道路新建改建工程　　　　标段：　　　　　第 页 共 页

项目编码	040801008001	项目名称	伐树挖树蔸	计量单位	棵	工程量	802

清单综合单价组成明细

定额编号	定额名称	定额单位	数量	单价(元)				合价(元)			
				人工费	材料费	机械费	管理费和利润	人工费	材料费	机械费	管理费和利润
1-613	伐树,离地面20cm 处树干直径 40mm 以内	10棵	0.1	143.81	—	—	30.20	14.38	—	—	3.02
1-617	挖树蔸,离地面 20cm 处树干直径 40mm 以内	10棵	0.1	258.41	—	—	54.27	25.84	—	—	5.43
人工单价		小　计						40.22	—	—	8.45
22.47 元/工日		未计价材料费						—			
	清单项目综合单价							48.67			

材料费明细	主要材料名称、规格、型号	单位	数量	单价(元)	合价(元)	暂估单价(元)	暂估合价(元)
	其他材料费			—		—	
	材料费小计			—		—	

工程量清单综合单价分析表　　　　　表 1-15

工程名称：某道路新建改建工程　　　　标段：　　　　　第 页 共 页

项目编码	040801004001	项目名称	拆除侧缘石	计量单位	m	工程量	2400

清单综合单价组成明细

定额编号	定额名称	定额单位	数量	单价(元)				合价(元)			
				人工费	材料费	机械费	管理费和利润	人工费	材料费	机械费	管理费和利润
1-579	拆除混凝土侧石	100m	0.01	75.50	—	—	15.86	0.76	—	—	0.16
人工单价		小　计						0.76	—	—	0.16
22.47 元/工日		未计价材料费						—			
	清单项目综合单价							0.92			

续表

材料费明细	主要材料名称、规格、型号	单位	数量	单价(元)	合价(元)	暂估单价(元)	暂估合价(元)
	其他材料费				—		—
	材料费小计				—		—

工程量清单综合单价分析表　　　　　　　　　表 1-16

工程名称：某道路新建改建工程　　　　标段：　　　　　　第　页　共　页

项目编码	040801007001	项目名称	拆除混凝土结构	计量单位	m³	工程量	71.58

清单综合单价组成明细

定额编号	定额名称	定额单位	数量	单价(元)				合价(元)			
				人工费	材料费	机械费	管理费和利润	人工费	材料费	机械费	管理费和利润
1-610	机械拆除混凝土障碍物(树池、无筋)	10m³	0.1	406.71	4.07	582.74	208.64	40.67	0.41	58.27	20.86
人工单价		小　　计						40.67	0.41	58.27	20.86
22.47 元/工日		未计价材料费						—			
清单项目综合单价								120.21			

材料费明细	主要材料名称、规格、型号	单位	数量	单价(元)	合价(元)	暂估单价(元)	暂估合价(元)
	合金钢钻头(一字型)	个	0.02	5.40	0.11		
	六角空心钢	kg	0.032	5.05	0.16		
	高压风管($\phi25,6p,20m$)	m	0.004	34.20	0.14		
	其他材料费				—		—
	材料费小计				0.41		—

工程量清单综合单价分析表　　　　　　　　　表 1-17

工程名称：某道路新建改建工程　　　　标段：　　　　　　第　页　共　页

项目编码	040203004001	项目名称	沥青混凝土路面	计量单位	m²	工程量	18000

清单综合单价组成明细

定额编号	定额名称	定额单位	数量	单价(元)				合价(元)			
				人工费	材料费	机械费	管理费和利润	人工费	材料费	机械费	管理费和利润
2-285	机械摊铺细粒式沥青混凝土路面(厚3cm)	100m²	0.01	48.76	9.28	105.12	563.67	0.49	0.09	1.05	5.64
2×(2-286)	机械摊铺细粒式沥青混凝土路面(增1cm)	100m²	0.01	16.18	5.62	52.76	193.87	0.16	0.06	0.53	1.94

续表

定额编号	定额名称	定额单位	数量	单价(元)				合价(元)			
				人工费	材料费	机械费	管理费和利润	人工费	材料费	机械费	管理费和利润
1-651	机动翻斗车运输细粒式沥青混凝土(运距200m)	10m³	0.004	46.96	—	81.38	26.95	0.19	—	0.33	0.11
2×(1-652)	机动翻斗车运输细粒式沥青混凝土(运距增400m)	10m³	0.004	—	—	28.00	5.88	—	—	0.11	0.02
人工单价			小 计					0.84	0.15	2.02	7.71
22.47元/工日			未计价材料费					33.70			
	清单项目综合单价							44.42			

	主要材料名称、规格、型号	单位	数量	单价(元)	合价(元)	暂估单价(元)	暂估合价(元)
材料费明细	细粒式沥青混凝土	m³	0.03132	832	26.06		
	煤	t	0.00014	169.00	0.02366		
	木柴	kg	0.022	0.21	0.00462		
	柴油	t	0.000005	2400.00	0.012		
	其他材料费			—	0.105	—	
	材料费小计			—	26.21	—	

工程量清单综合单价分析表

表 1-18

工程名称：某道路新建改建工程　　　　　标段：　　　　　　　　第 页 共 页

项目编码	040203004002	项目名称	沥青混凝土路面	计量单位	m²	工程量	18000

清单综合单价组成明细

定额编号	定额名称	定额单位	数量	单价(元)				合价(元)			
				人工费	材料费	机械费	管理费和利润	人工费	材料费	机械费	管理费和利润
2-269	机械摊铺粗粒式沥青混凝土路面(厚6cm)	100m²	0.01	59.77	18.54	181.19	987.31	0.60	0.19	1.81	9.87
2×(2-270)	机械摊铺粗粒式沥青混凝土路面(增2cm)	100m²	0.01	21.12	6.08	29.10	322.76	0.21	0.06	0.29	3.23
1-651	机动翻斗车运输粗粒式沥青混凝土(运距200m)	10m³	0.008	46.96	—	81.38	26.95	0.38	—	0.65	0.22
3×(1-652)	机动翻斗车运输粗粒式沥青混凝土(运距增600m)	10m³	0.008	—	—	42.00	8.82	—	—	0.34	0.07

续表

人工单价	小 计	1.19	0.25	3.09	13.39
22.47 元/工日	未计价材料费	59.23			
	清单项目综合单价	77.15			

<table>
<tr><td rowspan="11">材料费明细</td><td>主要材料名称、规格、型号</td><td>单位</td><td>数量</td><td>单价
(元)</td><td>合价
(元)</td><td>暂估单
价(元)</td><td>暂估合
价(元)</td></tr>
<tr><td>沥青混凝土</td><td>m³</td><td>0.0808</td><td>733</td><td>59.23</td><td></td><td></td></tr>
<tr><td>煤</td><td>t</td><td>0.00026</td><td>169.00</td><td>0.04394</td><td></td><td></td></tr>
<tr><td>木柴</td><td>kg</td><td>0.0426</td><td>0.21</td><td>0.008946</td><td></td><td></td></tr>
<tr><td>柴油</td><td>t</td><td>0.00008</td><td>2400.00</td><td>0.192</td><td></td><td></td></tr>
<tr><td></td><td></td><td></td><td></td><td></td><td></td><td></td></tr>
<tr><td></td><td></td><td></td><td></td><td></td><td></td><td></td></tr>
<tr><td></td><td></td><td></td><td></td><td></td><td></td><td></td></tr>
<tr><td></td><td></td><td></td><td></td><td></td><td></td><td></td></tr>
<tr><td>其他材料费</td><td colspan="3" style="text-align:center">—</td><td>0.015</td><td></td><td></td></tr>
<tr><td>材料费小计</td><td colspan="3" style="text-align:center">—</td><td>59.49</td><td>—</td><td></td></tr>
</table>

工程量清单综合单价分析表　　　　表 1-19

工程名称：某道路新建改建工程　　　　标段：　　　　　　　　第　页　共　页

项目编码	040202006001	项目名称	石灰、粉煤灰、碎石基层	计量单位	m²	工程量	18000

清单综合单价组成明细

定额编号	定额名称	定额单位	数量	单价（元）				合价（元）			
				人工费	材料费	机械费	管理费和利润	人工费	材料费	机械费	管理费和利润
2—162	拌合机拌合石灰、粉煤灰、碎石基层（厚 20cm，10：20：70）	100m²	0.0104	315.70	2164.89	86.58	539.11	3.28	22.51	0.90	5.60
2—177	顶层多合土洒水车洒水养生	100m²	0.0104	1.57	0.66	10.52	2.68	0.02	0.01	0.11	0.03
人工单价		小　计						3.30	22.52	1.01	5.63
22.47 元/工日		未计价材料费									
		清单项目综合单价						31.68			

<table>
<tr><td rowspan="10">材料费明细</td><td>主要材料名称、规格、型号</td><td>单位</td><td>数量</td><td>单价
(元)</td><td>合价
(元)</td><td>暂估单
价(元)</td><td>暂估合
价(元)</td></tr>
<tr><td>生石灰</td><td>t</td><td>0.0412</td><td>120.00</td><td>4.94</td><td></td><td></td></tr>
<tr><td>粉煤灰</td><td>m³</td><td>0.1098</td><td>80.00</td><td>8.78</td><td></td><td></td></tr>
<tr><td>碎石 25～40mm</td><td>m³</td><td>0.1967</td><td>43.96</td><td>8.65</td><td></td><td></td></tr>
<tr><td>水</td><td>m³</td><td>0.0808</td><td>0.45</td><td>0.04</td><td></td><td></td></tr>
<tr><td></td><td></td><td></td><td></td><td></td><td></td><td></td></tr>
<tr><td></td><td></td><td></td><td></td><td></td><td></td><td></td></tr>
<tr><td></td><td></td><td></td><td></td><td></td><td></td><td></td></tr>
<tr><td>其他材料费</td><td colspan="3" style="text-align:center">—</td><td>0.11</td><td>—</td><td></td></tr>
<tr><td>材料费小计</td><td colspan="3" style="text-align:center">—</td><td>22.52</td><td></td><td></td></tr>
</table>

工程量清单综合单价分析表　　　　表 1-20

工程名称：某道路新建改建工程　　　　标段：　　　　第　页　共　页

项目编码	040202010001	项目名称	碎石底层	计量单位	m²	工程量	18000

清单综合单价组成明细

定额编号	定额名称	定额单位	数量	单价（元）				合价（元）			
				人工费	材料费	机械费	管理费和利润	人工费	材料费	机械费	管理费和利润
2—198	人机配合铺装碎石底层（厚15cm）	100m²	0.0104	72.58	878.73	127.06	226.46	0.75	9.14	1.32	2.36
人工单价		小　计						0.75	9.14	1.32	2.36
22.47 元/工日		未计价材料费						—			
清单项目综合单价								13.57			

材料费明细	主要材料名称、规格、型号	单位	数量	单价（元）	合价（元）	暂估单价（元）	暂估合价（元）
	碎石 60mm	m³	0.2069	43.96	9.09		
	其他材料费			—	0.05		
	材料费小计			—	9.14	—	

工程量清单综合单价分析表　　　　表 1-21

工程名称：某道路新建改建工程　　　　标段：　　　　第　页　共　页

项目编码	040204001001	项目名称	人行道块料铺设	计量单位	m²	工程量	7200

清单综合单价组成明细

定额编号	定额名称	定额单位	数量	单价（元）				合价（元）			
				人工费	材料费	机械费	管理费和利润	人工费	材料费	机械费	管理费和利润
2—323	异形彩色花砖安砌（D 型砖,1：3水泥砂浆垫层）	10m²	0.1	68.31	31.76	—	119.00	6.83	3.18	—	11.90
人工单价		小　计						6.83	3.18	—	11.90
22.47 元/工日		未计价材料费						46.66			
清单项目综合单价								68.57			

材料费明细	主要材料名称、规格、型号	单位	数量	单价（元）	合价（元）	暂估单价（元）	暂估合价（元）
	水泥花砖（D 型,60cm×220cm×219cm)	块	30.3	1.54	46.66		
	32.5 级水泥	t	0.0062	332.00	2.0584		
	中粗砂	m³	0.0242	44.23	1.0704		
	天然砂（细砂）	m³	0.0026	12.34	0.0321		
	其他材料费			—	0.05		
	材料费小计			—	49.84	—	

工程量清单综合单价分析表　　　　　　　　　　　　表 1-22

工程名称：某道路新建改建工程　　　　　　标段：　　　　　　　　第　页　共　页

| 项目编码 | 040202002001 | 项目名称 | 石灰稳定土基层 | 计量单位 | m² | 工程量 | 7200 |

清单综合单价组成明细

定额编号	定额名称	定额单位	数量	单价（元）				合价（元）			
				人工费	材料费	机械费	管理费和利润	人工费	材料费	机械费	管理费和利润
2—43	人工拌合石灰土基层（厚15cm，12%含灰量）	100m²	0.011	358.17	370.21	33.52	294.08	3.94	4.07	0.37	3.23
2—178	顶层多合土人工洒水养生	100m²	0.011	6.29	0.66	—	1.46	0.07	0.01	—	0.02
人工单价			小　计					4.01	4.08	0.37	3.25
22.47元/工日			未计价材料费					7.02			
清单项目综合单价								18.73			

材料费明细	主要材料名称、规格、型号	单位	数量	单价（元）	合价（元）	暂估单价（元）	暂估合价（元）
	黄土	m³	0.2170	32.36	7.02		
	生石灰	t	0.03366	120.00	4.0392		
	水	m³	0.04488	0.45	0.0202		
	其他材料费			—	0.011		
	材料费小计			—	11.098		

工程量清单综合单价分析表　　　　　　　　　　　　表 1-23

工程名称：某道路新建改建工程　　　　　　标段：　　　　　　　　第　页　共　页

| 项目编码 | 040204003001 | 项目名称 | 安砌侧（平缘）石 | 计量单位 | m | 工程量 | 2400 |

清单综合单价组成明细

定额编号	定额名称	定额单位	数量	单价（元）				合价（元）			
				人工费	材料费	机械费	管理费和利润	人工费	材料费	机械费	管理费和利润
2—330	人工铺装侧缘石 3cm 厚混凝土垫层	m³	0.0039	34.38	0.09	—	59.29	0.13	0.0004	—	0.23
2—332	混凝土侧石安砌（立缘石，每块长50cm）	100m	0.01	217.28	50.60	—	610.44	2.17	0.51	—	6.10
人工单价			小　计					2.30	0.54	—	6.33
22.47元/工日			未计价材料费					27.36			
清单项目综合单价								36.50			

材料费明细	主要材料名称、规格、型号	单位	数量	单价（元）	合价（元）	暂估单价（元）	暂估合价（元）
	混凝土（C15）	m³	0.0040	243	0.97		
	混凝土侧石（立缘石）	m	1.015	26.00	26.39		
	水	m³	0.00078	0.45	0.000351		

续表

主要材料名称、规格、型号	单位	数量	单价(元)	合价(元)	暂估单价(元)	暂估合价(元)
1:3水泥砂浆	m³	0.0005	145.38	0.07269		
1:3水泥砂浆	m³	0.0082	52.54	0.4308		
其他材料费			—	0.00695		
材料费小计			—	27.87		

(材料费明细)

工程量清单综合单价分析表 表 1-24

工程名称:某道路新建改建工程　　　　标段:　　　　　　　　第 页 共 页

项目编码	040204006001	项目名称	树池砌筑	计量单位	个	工程量	482

清单综合单价组成明细

定额编号	定额名称	定额单位	数量	单价(元)				合价(元)			
				人工费	材料费	机械费	管理费和利润	人工费	材料费	机械费	管理费和利润
2-344	砌筑混凝土块树池(25cm×5cm×12.5cm)	100m	0.028	94.15	4.38	—	46.27	2.64	0.12	—	1.30
人工单价		小　计						2.64	0.12	—	1.30
22.47 元/工日		未计价材料费						3.41			
清单项目综合单价								7.47			

主要材料名称、规格、型号	单位	数量	单价(元)	合价(元)	暂估单价(元)	暂估合价(元)
混凝土块	块	11.368	0.30	3.41		
1:3水泥砂浆	m³	0.0084	145.38	0.122		
其他材料费			—			
材料费小计			—	3.53		

(材料费明细)

工程量清单综合单价分析表 表 1-25

工程名称:某道路新建改建工程　　　　标段:　　　　　　　　第 页 共 页

项目编码	040201014001	项目名称	盲沟	计量单位	m	工程量	2400

清单综合单价组成明细

定额编号	定额名称	定额单位	数量	单价(元)				合价(元)			
				人工费	材料费	机械费	管理费和利润	人工费	材料费	机械费	管理费和利润
2-7	路基盲沟(滤管盲沟,φ30)	100m	0.01	1243.27	5282.86	—	1370.49	12.43	52.83	—	13.70
人工单价		小　计						12.43	52.83	—	13.70
22.47 元/工日		未计价材料费						—			
清单项目综合单价								78.96			

主要材料名称、规格、型号	单位	数量	单价(元)	合价(元)	暂估单价(元)	暂估合价(元)
滤管(φ30)	m	1.053	49.92	52.57		
其他材料费			—	0.26		
材料费小计			—	52.83		

(材料费明细)

工程量清单综合单价分析表

表 1-26

工程名称：某道路新建改建工程　　　　标段：　　　　第　页　共　页

项目编码	040801001002	项目名称	拆除路面	计量单位	m²	工程量	5676.86

清单综合单价组成明细

定额编号	定额名称	定额单位	数量	单价（元）				合价（元）			
				人工费	材料费	机械费	管理费和利润	人工费	材料费	机械费	管理费和利润
1—549	人工拆除混凝土类路面层（厚 15cm，无筋）	100m²	0.01	390.98	—	—	82.11	3.91	—	—	0.82
人工单价		小　计						3.91	—	—	0.82
22.47 元/工日		未计价材料费									
清单项目综合单价								4.73			

材料费明细	主要材料名称、规格、型号				单位	数量	单价（元）	合价（元）	暂估单价（元）	暂估合价（元）
	其他材料费						—		—	
	材料费小计						—		—	

工程量清单综合单价分析表

表 1-27

工程名称：某道路新建改建工程　　　　标段：　　　　第　页　共　页

项目编码	040801002004	项目名称	拆除基层	计量单位	m²	工程量	5676.86

清单综合单价组成明细

定额编号	定额名称	定额单位	数量	单价（元）				合价（元）			
				人工费	材料费	机械费	管理费和利润	人工费	材料费	机械费	管理费和利润
1—569	人工拆除石灰、粉煤灰、土基层（厚10cm）	100m²	0.0109	175.04	—	—	36.76	1.91	—	—	0.40
2×(1—570)	人工拆除石灰、粉煤灰、土基层(增10cm)	100m²	0.0109	175.26	—	—	36.80	1.91	—	—	0.40
人工单价		小　计						3.82	—	—	0.80
22.47 元/工日		未计价材料费									
清单项目综合单价								4.62			

材料费明细	主要材料名称、规格、型号				单位	数量	单价（元）	合价（元）	暂估单价（元）	暂估合价（元）
	其他材料费						—		—	
	材料费小计						—		—	

工程量清单综合单价分析表　　　　　　　　　　表 1-28

工程名称：某道路新建改建工程　　　　　标段：　　　　　　　第　页　共　页

项目编码	040801002005	项目名称		拆除基层	计量单位	m²	工程量	3240

清单综合单价组成明细

定额编号	定额名称	定额单位	数量	单价（元）				合价（元）			
				人工费	材料费	机械费	管理费和利润	人工费	材料费	机械费	管理费和利润
1-569	人工拆除水泥稳定土基层（厚 10cm）	100m²	0.0115	175.04	—	—	36.76	2.01	—	—	0.42
1-570	人工拆除水泥稳定土基层（增 5cm）	100m²	0.0115	87.63	—	—	18.40	1.01	—	—	0.21
人工单价				小　计				3.02	—	—	0.63
22.47 元/工日				未计价材料费				—			
清单项目综合单价								3.65			

材料费明细	主要材料名称、规格、型号				单位	数量	单价（元）	合价（元）	暂估单价（元）	暂估合价（元）
	其他材料费						—			
	材料费小计						—			

工程量清单综合单价分析表　　　　　　　　　　表 1-29

工程名称：某道路新建改建工程　　　　　标段：　　　　　　　第　页　共　页

项目编码	040801002006	项目名称		拆除基层	计量单位	m²	工程量	5676.86

清单综合单价组成明细

定额编号	定额名称	定额单位	数量	单价（元）				合价（元）			
				人工费	材料费	机械费	管理费和利润	人工费	材料费	机械费	管理费和利润
1-557	人工拆除泥砖碎石基层（厚 15cm）	100m²	0.0109	230.77	—	—	48.46	2.52	—	—	0.53
人工单价				小　计				2.52	—	—	0.53
22.47 元/工日				未计价材料费				—			
清单项目综合单价								3.05			

材料费明细	主要材料名称、规格、型号				单位	数量	单价（元）	合价（元）	暂估单价（元）	暂估合价（元）
	其他材料费						—			
	材料费小计						—			

工程量清单综合单价分析表

表 1-30

工程名称：某道路新建改建工程　　　　标段：　　　　　第　页　共　页

项目编码	040801003002	项目名称	拆除人行道	计量单位	m²	工程量	3240

清单综合单价组成明细

定额编号	定额名称	定额单位	数量	单价（元）				合价（元）			
				人工费	材料费	机械费	管理费和利润	人工费	材料费	机械费	管理费和利润
1—577	拆除人行道（普通黏土砖，侧铺）	100m²	0.01	112.57	—	—	23.64	1.13	—	—	0.24
人工单价			小计					1.13	—	—	0.24
22.47 元/工日			未计价材料费					—			
清单项目综合单价								1.37			

材料费明细	主要材料名称、规格、型号	单位	数量	单价（元）	合价（元）	暂估单价（元）	暂估合价（元）
	其他材料费				—		—
	材料费小计				—		—

工程量清单综合单价分析表

表 1-31

工程名称：某道路新建改建工程　　　　标段：　　　　　第　页　共　页

项目编码	040801004002	项目名称	拆除侧缘石	计量单位	m	工程量	1620

清单综合单价组成明细

定额编号	定额名称	定额单位	数量	单价（元）				合价（元）			
				人工费	材料费	机械费	管理费和利润	人工费	材料费	机械费	管理费和利润
1—580	拆除石质侧石	100m	0.01	99.77	—	—	20.95	1.00	—	—	0.21
人工单价			小计					1.00	—	—	0.21
22.47 元/工日			未计价材料费					—			
清单项目综合单价								1.21			

材料费明细	主要材料名称、规格、型号	单位	数量	单价（元）	合价（元）	暂估单价（元）	暂估合价（元）
	其他材料费				—		—
	材料费小计				—		—

工程量清单综合单价分析表　　　　　　表 1-32

工程名称：某道路新建改建工程　　　　　标段：　　　　　　第　页　共　页

| 项目编码 | 040801008002 | 项目名称 | 伐树、挖树蔸 | 计量单位 | 棵 | 工程量 | 542 |

清单综合单价组成明细

定额编号	定额名称	定额单位	数量	单价（元）				合价（元）			
				人工费	材料费	机械费	管理费和利润	人工费	材料费	机械费	管理费和利润
1－612	伐树,离地面20cm处树干直径30cm内	10棵	0.1	71.90	—	—	15.10	7.19	—	—	1.51
1－616	挖树蔸,离地面20cm处树干直径30cm内	10棵	0.1	130.33	—	—	27.37	13.03	—	—	2.74
人工单价			小　计					20.22	—	—	4.25
22.47元/工日			未计价材料费					—			
清单项目综合单价								24.47			

材料费明细	主要材料名称、规格、型号	单位	数量	单价（元）	合价（元）	暂估单价（元）	暂估合价（元）
	其他材料费			—		—	
	材料费小计			—		—	

工程量清单综合单价分析表　　　　　　表 1-33

工程名称：某道路新建改建工程　　　　　标段：　　　　　　第　页　共　页

| 项目编码 | 040801007002 | 项目名称 | 拆除混凝土结构 | 计量单位 | m³ | 工程量 | 48.37 |

清单综合单价组成明细

定额编号	定额名称	定额单位	数量	单价（元）				合价（元）			
				人工费	材料费	机械费	管理费和利润	人工费	材料费	机械费	管理费和利润
1－608	人工拆除混凝土障碍物树池(无筋)	10m³	0.1	711.62	—	—	149.44	71.16	—	—	14.94
人工单价			小计					71.16	—	—	14.94
22.47元/工日			未计价材料费					—			
清单项目综合单价								86.10			

材料费明细	主要材料名称、规格、型号	单位	数量	单价（元）	合价（元）	暂估单价（元）	暂估合价（元）
	其他材料费			—		—	
	材料费小计			—		—	

工程量清单综合单价分析表　　　　　　　　　　　　　　　表 1-34

工程名称：某道路新建改建工程　　　　　标段：　　　　　　　　第　页　共　页

项目编码	040203005001	项目名称	水泥混凝土路面	计量单位	m²	工程量	11367.47

清单综合单价组成明细

定额编号	定额名称	定额单位	数量	单价（元）				合价（元）			
				人工费	材料费	机械费	管理费和利润	人工费	材料费	机械费	管理费和利润
2—290	C25 水泥混凝土路面（厚 22cm）	100m²	0.01	814.54	138.65	92.52	1529.65	8.15	1.39	0.93	15.30
2—300	水泥混凝土路面养生（草袋养护）	100m²	0.01	25.84	106.59	—	27.81	0.26	1.07	—	0.28
2—294	人工切缝沥青玛琋脂伸缩缝	10m²	0.0047	77.75	756.66	—	175.23	0.37	3.56	—	0.82
2—298	锯缝机锯缝	10m	0.0198	14.38	—	8.14	4.73	0.28	—	0.16	0.09
人工单价		小　　计						9.06	6.02	1.09	16.49
22.47 元/工日		未计价材料费						62.38			
清单项目综合单价								95.04			

材料费明细	主要材料名称、规格、型号	单位	数量	单价（元）	合价（元）	暂估单价（元）	暂估合价（元）
	混凝土	m³	0.2244	278	62.38		
	板方材	m³	0.00054	1764.00	0.95256		
	圆钉	kg	0.002	6.66	0.01332		
	铁件	kg	0.077	3.83	0.29491		
	水	m³	0.404	0.45	0.1818		
	单袋	个	0.43	2.32	0.9976		
	石粉	kg	0.5988	0.095	0.056886		
	石棉	kg	0.5922	4.42	2.6175		
	石油沥青 60～100 号	t	0.000597	1400.00	0.8358		
	煤	t	0.0001504	169.00	0.02542		
	木柴	kg	0.01504	0.21	0.0031584		
	钢锈片	片			0.001287		
	其他材料费			—	0.02225	—	
	材料费小计			—	68.4	—	

工程量清单综合单价分析表　　　　　　　　　　　　　　　表 1-35

工程名称：某道路新建改建工程　　　　　标段：　　　　　　　　第　页　共　页

项目编码	040202006002	项目名称	石灰、粉煤灰、碎（砾）石基层	计量单位	m²	工程量	11367.47

清单综合单价组成明细

定额编号	定额名称	定额单位	数量	单价（元）				合价（元）			
				人工费	材料费	机械费	管理费和利润	人工费	材料费	机械费	管理费和利润
2—162	拌合机拌合石灰、粉煤灰、碎石基层（厚 20cm，10∶20∶70）	100m²	0.0104	315.70	2164.89	86.58	539.11	3.29	22.57	0.90	5.62

续表

定额编号	定额名称	定额单位	数量	单价（元）				合价（元）			
				人工费	材料费	机械费	管理费和利润	人工费	材料费	机械费	管理费和利润
2—177	顶层多合土洒水车洒水养生	100m²	0.0104	1.57	0.66	10.52	2.68	0.02	0.01	0.11	0.03
人工单价		小　计						3.31	22.58	1.01	5.65
22.47 元/工日		未计价材料费									
清单项目综合单价								32.55			

材料费明细	主要材料名称、规格、型号		单位	数量	单价（元）	合价（元）	暂估单价（元）	暂估合价（元）
	生石灰		t	0.0413	120.00	4.95		
	粉煤灰		m³	0.1101	80.00	8.81		
	碎石（25～40mm）		m³	0.1972	43.96	8.67		
	水		m³	0.0808	0.45	0.04		
	其他材料费				—	0.11		
	材料费小计				—	22.58	—	

工程量清单综合单价分析表　　　　　　　　　　　　表 1-36

工程名称：某道路新建改建工程　　　　　　标段：　　　　　　第　页　共　页

项目编码	040202009001	项目名称	卵石底层	计量单位	m²	工程量	11367.47

清单综合单价组成明细

定额编号	定额名称	定额单位	数量	单价（元）				合价（元）			
				人工费	材料费	机械费	管理费和利润	人工费	材料费	机械费	管理费和利润
2—184	人工铺装卵石底层（厚15cm）	100m²	0.0104	211.89	879.27	63.29	242.43	2.21	9.17	0.66	2.53
人工单价		小　计						2.21	9.17	0.66	2.53
22.47 元/工日		未计价材料费						—			
清单项目综合单价								14.65			

材料费明细	主要材料名称、规格、型号		单位	数量	单价（元）	合价（元）	暂估单价（元）	暂估合价（元）
	卵石、杂色		m³	0.1866	43.96	8.20		
	中粗砂		m³	0.0207	44.23	0.92		
	其他材料费				—	0.05	—	
	材料费小计				—	9.17	—	

工程量清单综合单价分析表　　　　　　　　　　　　表 1-37

工程名称：某道路新建改建工程　　　　　　标段：　　　　　　第　页　共　页

项目编码	040202004001	项目名称	石灰、粉煤灰、土基层	计量单位	m²	工程量	4860

清单综合单价组成明细

定额编号	定额名称	定额单位	数量	单价（元）				合价（元）			
				人工费	材料费	机械费	管理费和利润	人工费	材料费	机械费	管理费和利润
2—129	人工拌合石灰、粉煤灰、土基层（厚15cm，12：35：53）	100m²	0.011	346.04	1150.67	33.52	391.34	3.81	12.66	0.37	4.30

续表

定额编号	定额名称	定额单位	数量	单价（元）				合价（元）			
				人工费	材料费	机械费	管理费和利润	人工费	材料费	机械费	管理费和利润
2—177	顶层多合土洒水车洒水养生	100m²	0.011	1.57	0.66	10.52	2.68	0.02	0.01	0.12	0.03
人工单价		小　计						3.83	12.67	0.49	4.33
22.47 元/工日		未计价材料费						3.67			
清单项目综合单价								24.99			

	主要材料名称、规格、型号	单位	数量	单价（元）	合价（元）	暂估单价（元）	暂估合价（元）
材料费明细	黄土	m³	0.1133	32.36	3.67		
	生石灰	t	0.02915	120.00	3.498		
	粉煤灰	m³	0.11352	80.00	9.0816		
	水	m³	0.04928	0.45	0.022176		
	其他材料费			—	0.011	—	
	材料费小计			—	16.28	—	

工程量清单综合单价分析表　　　　　　表 1-38

工程名称：某道路新建改建工程　　　　标段：　　　　　第　页　共　页

项目编码	040204001002	项目名称	人行道块料铺设	计量单位	m²	工程量	4860

清单综合单价组成明细

定额编号	定额名称	定额单位	数量	单价（元）				合价（元）			
				人工费	材料费	机械费	管理费和利润	人工费	材料费	机械费	管理费和利润
2—309	人行道板安砌（砂垫层，50cm×50cm×8cm）	100m²	0.01	268.52	290.26	—	472.08	2.69	2.90	—	4.72
人工单价		小　计						2.69	2.90	—	4.72
22.47 元/工日		未计价材料费						16.89			
清单项目综合单价								27.20			

	主要材料名称、规格、型号	单位	数量	单价（元）	合价（元）	暂估单价（元）	暂估合价（元）
材料费明细	人行道板(50cm×50cm×8cm)	千块	0.0041	4120	16.89		
	中粗砂	m³	0.0653	44.23	2.888		
	其他材料费			—	0.005	—	
	材料费小计			—	19.783	—	

69

工程量清单综合单价分析表

表 1-39

工程名称：某道路新建改建工程　　　　标段：　　　　　　　第　页　共　页

项目编码	040204003002	项目名称	安砌侧(半缘)石	计量单位	m	工程量	1620

清单综合单价组成明细

定额编号	定额名称	定额单位	数量	单价(元)				合价(元)			
				人工费	材料费	机械费	管理费和利润	人工费	材料费	机械费	管理费和利润
2-329	人工铺装侧缘石 3cm 厚石灰土垫层	m³	0.0039	27.19	20.92	—	19.82	0.11	0.08	—	0.08
2-332	混凝土侧石安砌(立缘石，每块长 50cm)	100m	0.01	217.28	50.60	—	610.44	2.17	0.51	—	6.10
人工单价			小　计					2.28	0.59	—	6.18
22.47 元/工日			未计价材料费					26.57			
清单项目综合单价								35.62			

	主要材料名称、规格、型号	单位	数量	单价(元)	合价(元)	暂估单价(元)	暂估合价(元)
材料费明细	黄土	m³	0.0056	32.36	0.18		
	混凝土侧石(立缘石)	m	1.015	26.00	26.39		
	生石灰	t	0.0006747	120.00	0.080964		
	水	m³	0.000546	0.45	0.0002457		
	1:3 水泥砂浆	m³	0.005	145.38	0.07269		
	1:3 石灰砂浆	m³	0.0082	52.54	0.430828		
	其他材料费			—	0.00695	—	
	材料费小计			—	27.16	—	

工程量清单综合单价分析表

表 1-40

工程名称：某道路新建改建工程　　　　标段：　　　　　　　第　页　共　页

项目编码	040204006002	项目名称	树池砌筑	计量单位	个	工程量	326

清单综合单价组成明细

定额编号	定额名称	定额单位	数量	单价(元)				合价(元)			
				人工费	材料费	机械费	管理费和利润	人工费	材料费	机械费	管理费和利润
2-344	砌筑混凝土块树池(25cm×5cm×12.5cm)	100m	0.028	94.15	4.38	—	46.27	2.64	0.12	—	1.30
人工单价			小　计					2.64	0.12	—	1.30
22.47 元/工日			未计价材料费					3.41			
清单项目综合单价								7.47			

	主要材料名称、规格、型号	单位	数量	单价(元)	合价(元)	暂估单价(元)	暂估合价(元)
材料费明细	混凝土块(25cm×5cm×12.5cm)	块	1.368	0.30	3.41		
	1:3 水泥砂浆	m³	0.00084	145.38	0.122		
	其他材料费				0.014		
	材料费小计			—	3.54	—	

工程量清单综合单价分析表

表 1-41

工程名称：某道路新建改建工程　　　　　标段：　　　　　　　第　页　共　页

项目编码	040201014002	项目名称	盲沟	计量单位	m	工程量	1620

清单综合单价组成明细

定额编号	定额名称	定额单位	数量	单价（元）				合价（元）			
				人工费	材料费	机械费	管理费和利润	人工费	材料费	机械费	管理费和利润
2-5	路基盲沟（砂石盲沟，40cm×40cm）	100m	0.01	299.08	854.37	—	242.22	2.99	8.54	—	2.42
人工单价		小　计						2.99	8.54	—	2.42
22.47元/工日		未计价材料费						—			
清单项目综合单价								13.95			

材料费明细	主要材料名称、规格、型号		单位	数量	单价（元）	合价（元）	暂估单价（元）	暂估合价（元）
	碎石（50~80mm）		m³	0.1632	43.96	7.17		
	中粗砂		m³	0.03	44.23	1.33		
	其他材料费				—	0.04		
	材料费小计				—	8.54		

工程量清单综合单价分析表

表 1-42

工程名称：某道路新建改建工程　　　　　标段：　　　　　　　第　页　共　页

项目编码	040101001001	项目名称	挖一般土方	计量单位	m³	工程量	42385.05

清单综合单价组成明细

定额编号	定额名称	定额单位	数量	单价（元）				合价（元）			
				人工费	材料费	机械费	管理费和利润	人工费	材料费	机械费	管理费和利润
1-2	人工挖土方（三类土）	100m³	0.01	733.87	—	—	154.11	7.34	—	—	1.54
1-47	人工装土，机动翻斗车运土（运距200m）	100m³	0.01	338.62	—	699.20	217.94	3.39	—	6.99	2.18
2×(1-48)	人工装土，机动翻斗车运土（运距增400m）	100m³	0.01	—	—	206.52	43.37	—	—	2.07	0.43
人工单价		小　计						10.73	—	9.06	4.15
22.47元/工日		未计价材料费						—			
清单项目综合单价								23.94			

材料费明细	主要材料名称、规格、型号		单位	数量	单价（元）	合价（元）	暂估单价（元）	暂估合价（元）
	其他材料费				—			
	材料费小计				—			

工程量清单综合单价分析表　　　　　　　　　表 1-43

工程名称：某道路新建改建工程　　　　标段：　　　　　　　第　页　共　页

项目编码	040103001001	项目名称	填方(三类土)	计量单位	m³	工程量	28530.28

清单综合单价组成明细

定额编号	定额名称	定额单位	数量	单价(元)				合价(元)			
				人工费	材料费	机械费	管理费和利润	人工费	材料费	机械费	管理费和利润
1—358	填土碾压(拖式双筒羊足碾75kW)	1000m³	0.0015	134.82	6.75	1682.26	383.00	0.16	0.01	1.93	0.44
2—1	路床碾压检验	100m²	0.0074	8.09	—	73.69	17.17	0.06		0.54	0.13
2—2	人行道整形碾压	100m²	0.0060	38.65	—	7.91	9.78	0.23		0.05	0.06
人工单价			小　计					0.45	0.01	2.52	0.63
22.47 元/工日			未计价材料费					—			
清单项目综合单价								3.61			

材料费明细	主要材料名称、规格、型号			单位	数量	单价(元)	合价(元)	暂估单价(元)	暂估合价(元)
	水			m³	0.01725	0.45	0.01		
	其他材料费					—	—		
	材料费小计					—	0.01		

工程量清单综合单价分析表　　　　　　　　　表 1-44

工程名称：某道路新建改建工程　　　　标段：　　　　　　　第　页　共　页

项目编码	040103002001	项目名称	余方弃置	计量单位	m³	工程量	13854.77

清单综合单价组成明细

定额编号	定额名称	定额单位	数量	单价(元)				合价(元)			
				人工费	材料费	机械费	管理费和利润	人工费	材料费	机械费	管理费和利润
1—49	人工装卸汽车运土方	100m³	0.01	370.76	—	—	77.86	3.71	—	—	0.78
1—275	自卸汽车运土,载重 4.5t 以内,运距 13km 以内	1000m³	0.0011		5.40	19934.32	4187.34	—	0.01	21.93	4.61
人工单价			小　计					3.71	0.01	21.93	5.39
22.47 元/工日			未计价材料费					—			
清单项目综合单价								31.04			

材料费明细	主要材料名称、规格、型号			单位	数量	单价(元)	合价(元)	暂估单价(元)	暂估合价(元)
	水			m³	0.0132	0.45	0.01		
	其他材料费					—			
	材料费小计					—	0.01		

工程量清单综合单价分析表　　　　　　　　　　　　表 1-45

工程名称：某道路新建改建工程　　　　　　标段：　　　　　　　　第　页　共　页

项目编码	040103003001	项目名称		缺方内运		计量单位		m³		工程量		408.46

清单综合单价组成明细

定额编号	定额名称	定额单位	数量	单价（元）				合价（元）			
				人工费	材料费	机械费	管理费和利润	人工费	材料费	机械费	管理费和利润
1—174	自行铲运机铲运土（运距700m以内,8～10m³,三类土）	1000m³	0.001	134.82	2.25	4564.96	987.43	0.13	0.002	4.56	0.99
	人工单价		小　计					0.13	0.002	4.56	0.99
	22.47 元/工日		未计价材料费					—			
	清单项目综合单价							5.68			

材料费明细	主要材料名称、规格、型号		单位	数量	单价（元）	合价（元）	暂估单价（元）	暂估合价（元）
	水		m³	0.005	0.45	0.002		
	其他材料费				—		—	
	材料费小计				—	0.002	—	

工程量清单综合单价分析表　　　　　　　　　　　　表 1-46

工程名称：某道路新建改建工程　　　　　　标段：　　　　　　　　第　页　共　页

项目编码	040203003001	项目名称		黑色碎石路面		计量单位		m²		工程量		19541.01

清单综合单价组成明细

定额编号	定额名称	定额单位	数量	单价（元）				合价（元）			
				人工费	材料费	机械费	管理费和利润	人工费	材料费	机械费	管理费和利润
2—259	机械摊铺黑色碎石路面（厚7cm）	100m²	0.01	56.85	21.58	127.26	43.20	0.57	0.22	1.27	0.43
3×(2—280)	机械摊铺黑色碎石路面(增3cm)	100m²	0.01	31.68	74.22	43.65	31.41	0.32	0.7422	0.4365	0.3141
	人工单价		小　计					0.89	0.9622	1.7065	0.7441
	22.47 元/工日		未计价材料费					2.34906			
	清单项目综合单价							7.34			

材料费明细	主要材料名称、规格、型号		单位	数量	单价（元）	合价（元）	暂估单价（元）	暂估合价（元）
	黑色碎石		m³	0.714	32.90	2.34906		
	柴油		t	0.00037	2400.00	0.888		
	煤		t	0.00032	169.00	0.05408		
	木柴		kg	0.0529	0.21	0.011109		
	其他材料费				—	0.01	—	
	材料费小计				—	3.31	—	

工程量清单综合单价分析表

表 1-47

工程名称：某道路新建改建工程　　　标段：　　　　　第 页 共 页

项目编码	040202005001	项目名称	石灰、碎石、土基层	计量单位	m²	工程量	19541.01

清单综合单价组成明细

定额编号	定额名称	定额单位	数量	人工费	材料费	机械费	管理费和利润	人工费	材料费	机械费	管理费和利润
				单价（元）				合价（元）			
2—107	机拌石灰、土、碎石基层（8：72：20,厚20cm）	100m²	0.0180	3.82	74.82	0.83	16.69	0.069	1.347	0.149	0.30042
2—177	顶层多合土洒水车洒水养生	100m²	0.0108	1.57	0.66	10.52	2.68	0.02	0.01	0.11	0.03
人工单价			小　计					1.91	1.357	1.05	4.09
22.47元/工日			未计价材料费					0.1727			
清单项目综合单价								23.60			

	主要材料名称、规格、型号	单位	数量	单价（元）	合价（元）	暂估单价（元）	暂估合价（元）
材料费明细	黄土	m³	0.0432	39.97	0.1727		
	生石灰	t	0.00324	120.00	0.3888		
	炉渣	m³	0.02376	39.97	0.9497		
	水	m³	0.019656	0.45	0.00885		
	其他材料费			—	0.0144	—	
	材料费小计			—	1.53	—	

工程量清单综合单价分析表

表 1-48

工程名称：某道路新建改建工程　　　标段：　　　　　第 页 共 页

项目编码	040202008001	项目名称	砂砾石底层	计量单位	m²	工程量	19541.01

清单综合单价组成明细

定额编号	定额名称	定额单位	数量	人工费	材料费	机械费	管理费和利润	人工费	材料费	机械费	管理费和利润
				单价（元）				合价（元）			
2—182	人工铺装砂砾石底层（天然级配,厚20cm）	100m²	0.0108	160.66	1084.61	71.63	276.55	1.74	11.71	0.77	2.99
人工单价			小　计					1.74	11.71	0.77	2.99
22.47元/工日			未计价材料费								
清单项目综合单价								17.21			

	主要材料名称、规格、型号	单位	数量	单价（元）	合价（元）	暂估单价（元）	暂估合价（元）
材料费明细	砂砾（5～80mm）	m³	0.2635	44.23	11.655		
	其他材料费			—	0.059	—	
	材料费小计			—	11.71	—	

工程量清单综合单价分析表

表 1-49

工程名称：某道路新建改建工程　　　　标段：　　　　　　　第　页　共　页

| 项目编码 | 040204001003 | 项目名称 | 人行道块料铺设 | 计量单位 | m² | 工程量 | 15600 |

清单综合单价组成明细

定额编号	定额名称	定额单位	数量	单价（元）				合价（元）			
				人工费	材料费	机械费	管理费和利润	人工费	材料费	机械费	管理费和利润
2—308	人行道板安砌（砂垫层，40cm×40cm×7cm）	100m²	0.01	271.44	290.26	—	467.40	2.71	2.90	—	4.67
人工单价		小　计						2.71	2.90	—	4.67
22.47 元/工日		未计价材料费						16.64			
清单项目综合单价								26.92			

材料费明细	主要材料名称、规格、型号	单位	数量	单价（元）	合价（元）	暂估单价（元）	暂估合价（元）
	人行道板（40cm×40cm×7cm）	千块	0.0064	2600	16.64		
	其他材料费			—			
	材料费小计			—	16.64		

工程量清单综合单价分析表

表 1-50

工程名称：某道路新建改建工程　　　　标段：　　　　　　　第　页　共　页

| 项目编码 | 040202002002 | 项目名称 | 石灰稳定土基层 | 计量单位 | m² | 工程量 | 15600 |

清单综合单价组成明细

定额编号	定额名称	定额单位	数量	单价（元）				合价（元）			
				人工费	材料费	机械费	管理费和利润	人工费	材料费	机械费	管理费和利润
2—41	人工拌合石灰土基层（厚15cm，8%含灰量）	100m²	0.011	330.76	247.24	33.52	268.61	3.64	2.72	0.37	2.95
2—178	顶层多合土人工洒水养生	100m²	0.011	6.29	0.66	—	1.46	0.07	0.01	—	0.02
人工单价		小　计						3.71	2.73	0.37	2.97
22.47 元/工日		未计价材料费						7.34			
清单项目综合单价								17.12			

材料费明细	主要材料名称、规格、型号	单位	数量	单价（元）	合价（元）	暂估单价（元）	暂估合价（元）
	黄土	m³	0.2269	32.36	7.34		
	生石灰	t	0.02244	120.00	2.6928		
	水	m³	0.04576	0.45	0.0206		
	其他材料费			—	0.011		
	材料费小计			—	10.07		

工程量清单综合单价分析表

表 1-51

工程名称：某道路新建改建工程　　　　标段：　　　　　　　　第　页　共　页

| 项目编码 | 040204003003 | 项目名称 | 安砌侧(平缘)石 | 计量单位 | m | 工程量 | 5200 |

清单综合单价组成明细

定额编号	定额名称	定额单位	数量	单价(元)				合价(元)			
				人工费	材料费	机械费	管理费和利润	人工费	材料费	机械费	管理费和利润
2—328	人工铺装侧缘石 3cm 厚炉渣垫层	m³	0.0039	17.53	68.37	—	18.04	0.07	0.27	—	0.07
2—332	混凝土侧石安砌(立缘石,每块长 50cm)	100m	0.01	217.28	50.60	—	610.44	2.17	0.51	—	6.10
人工单价			小　计					2.24	0.78	—	6.17
22.47 元/工日			未计价材料费					26.39			
		清单项目综合单价						35.58			

	主要材料名称、规格、型号	单位	数量	单价(元)	合价(元)	暂估单价(元)	暂估合价(元)
材料费明细	混凝土侧石(立缘石)	m	1.015	26.00	26.39		
	炉渣	m³	0.00663	39.97	0.265		
	水	m³	0.000702	0.45	0.0003159		
	1:3 水泥砂浆	m³	0.0005	145.38	0.07269		
	1:3 石泥砂浆	m³	0.0082	52.54	0.4308		
	其他材料费			—	0.00695	—	
	材料费小计			—	27.17	—	

工程量清单综合单价分析表

表 1-52

工程名称：某道路新建改建工程　　　　标段：　　　　　　　　第　页　共　页

| 项目编码 | 040204006003 | 项目名称 | 树池砌筑 | 计量单位 | 个 | 工程量 | 1042 |

清单综合单价组成明细

定额编号	定额名称	定额单位	数量	单价(元)				合价(元)			
				人工费	材料费	机械费	管理费和利润	人工费	材料费	机械费	管理费和利润
2—344	砌筑混凝土块树池(25cm×5cm×12.5cm)	100m	0.028	94.15	4.38	—	46.27	2.64	0.12	—	1.30
人工单价			小　计					2.64	0.12	—	1.30
22.47 元/工日			未计价材料费					3.41			
		清单项目综合单价						7.47			

	主要材料名称、规格、型号	单位	数量	单价(元)	合价(元)	暂估单价(元)	暂估合价(元)
材料费明细	混凝土块	块	11.368	0.30	3.41		
	1:3 水泥砂浆	m³	0.00084	145.38	0.122		
	其他材料费			—	0.014		
	材料费小计			—	13.55	—	

工程量清单综合单价分析表

表 1-53

工程名称：某道路新建改建工程　　　　标段：　　　　　　第　页　共　页

项目编码	040201014003	项目名称	盲沟	计量单位	m	工程量	2600

清单综合单价组成明细

定额编号	定额名称	定额单位	数量	单价(元)				合价(元)			
				人工费	材料费	机械费	管理费和利润	人工费	材料费	机械费	管理费和利润
2-4	路基盲沟（砂石盲沟，30cm×40cm,单列式)	100m	0.01	249.64	629.66	—	184.65	2.50	6.30	—	1.85
人工单价			小　计					2.50	6.30	—	1.85
22.47 元/工日			未计价材料费								
清单项目综合单价								10.65			

材料费明细	主要材料名称、规格、型号			单位	数量	单价(元)	合价(元)	暂估单价(元)	暂估合价(元)
	碎石(50～80mm)			m³	0.1224	43.96	5.381		
	中粗砂			m³	0.02	44.23	0.885		
	其他材料费					—	0.031		
	材料费小计					—	6.30		

工程量清单综合单价分析表

表 1-54

工程名称：某道路新建改建工程　　　　标段：　　　　　　第　页　共　页

项目编码	040305002001	项目名称	现浇混凝土挡土墙墙身	计量单位	m³	工程量	1145.10

清单综合单价组成明细

定额编号	定额名称	定额单位	数量	单价(元)				合价(元)			
				人工费	材料费	机械费	管理费和利润	人工费	材料费	机械费	管理费和利润
1-711	挡土墙墙身（现浇混凝土)	10m³	0.1	280.43	13.77	64.06	670.71	28.04	1.38	6.41	67.07
3-495	安装泄水孔（硬塑料管)	10m	0.0201	15.73	128.42	—	30.27	0.32	2.58	—	0.61
1-685	砂滤层(厚30cm以内)	10m³	0.0650	90.33	597.99	—	144.55	5.87	38.88	—	9.40
3-505	安装沉降缝（沥青木丝板)	10m²	0.0097	9.89	308.53	—	66.87	0.10	3.00	—	0.65
人工单价			小　计					34.33	45.84	6.41	77.73
22.47 元/工日			未计价材料费					283.56			
清单项目综合单价								447.87			

材料费明细	主要材料名称、规格、型号			单位	数量	单价(元)	合价(元)	暂估单价(元)	暂估合价(元)
	混凝土(C25)			m³	1.02	278	283.56		
	水			m³	1.048	0.45	0.4716		
	硬塑料管(150m)			m	0.205	12.59	2.58095		
	中粗砂			m³	0.8788	44.23	38.869		

	主要材料名称、规格、型号	单位	数量	单价(元)	合价(元)	暂估单价(元)	暂估合价(元)
材料费明细	石油沥青(30号)	kg	0.9312	1.40	1.30368		
	煤	kg	0.09312	0.169	0.01574		
	木柴	kg	0.010476	0.21	0.00220		
	木丝板(25mm×610mm×1830mm)	m²	0.09894	16.89	1.6711		
	单袋	个	0.301	2.32	0.69832		
	电	kW·h	0.592	0.35	0.2072		
	其他材料费			—		—	
	材料费小计			—	329.4	—	

工程量清单综合单价分析表　　　　表 1-55

工程名称：某道路新建改建工程　　　　标段：　　　　第 页 共 页

项目编码	040305001001	项目名称	挡土墙基础	计量单位	m³	工程量	891.74

清单综合单价组成明细

定额编号	定额名称	定额单位	数量	单价(元)				合价(元)			
				人工费	材料费	机械费	管理费和利润	人工费	材料费	机械费	管理费和利润
3-263	一般挡土墙基础(现浇混凝土基础)	10m³	0.1	290.31	15.63	199.40	698.68	29.03	1.56	19.94	69.87
3-505	沉降缝(沥青木丝板)	10m²	0.010	9.89	308.53	—	66.87	0.10	3.07	—	0.67
人工单价		小　计						29.13	4.63	19.94	70.54
22.47 元/工日		未计价材料费						282.17			
清单项目综合单价								406.41			

	主要材料名称、规格、型号	单位	数量	单价(元)	合价(元)	暂估单价(元)	暂估合价(元)
材料费明细	混凝土(C25)	m³	1.015	278	282.17		
	单袋	个	0.530	2.32	1.2296		
	水	m³	0.3760	0.45	0.1692		
	电	kW·h	0.468	0.35	0.1638		
	石油沥青(30号)	kg	0.96	1.40	1.344		
	煤	kg	0.096	0.169	0.016224		
	木柴	kg	0.0108	0.21	0.002268		
	木丝板(25mm×610mm×1830mm)	m²	0.102	16.89	1.72278		
	其他材料费			—		—	
	材料费小计			—	286.81	—	

工程量清单综合单价分析表

表 1-56

工程名称：某道路新建改建工程　　　　标段：　　　　　　　　　第　页　共　页

项目编码	040304002001		项目名称	浆砌块料		计量单位	m³	工程量	2941.02

清单综合单价组成明细

定额编号	定额名称	定额单位	数量	单价（元）				合价（元）			
				人工费	材料费	机械费	管理费和利润	人工费	材料费	机械费	管理费和利润
1—709	重力式挡土墙墙身（浆砌块石）	10m³	0.1	334.35	855.42	26.60	255.44	33.44	85.54	2.66	25.54
人工单价			小　计					33.44	85.54	2.66	25.54
22.47元/工日			未计价材料费					—			
清单项目综合单价								147.18			

材料费明细	主要材料名称、规格、型号	单位	数量	单价（元）	合价（元）	暂估单价（元）	暂估合价（元）
	块石	m³	1.166	41.00	47.81		
	水泥砂浆（M10）	m³	0.367	102.65	37.67		
	水	m³	0.14	0.45	0.06		
	其他材料费			—			
	材料费小计			—	85.54	—	

工程量清单综合单价分析表

表 1-57

工程名称：某道路新建改建工程　　　　标段：　　　　　　　　　第　页　共　页

项目编码	040305001002		项目名称	挡土墙基础		计量单位	m³	工程量	1534.50

清单综合单价组成明细

定额编号	定额名称	定额单位	数量	单价（元）				合价（元）			
				人工费	材料费	机械费	管理费和利润	人工费	材料费	机械费	管理费和利润
3—263	重力式挡土墙基础（现浇混凝土基础）	10m³	0.1	290.31	15.63	199.40	698.68	29.03	1.56	19.94	69.87
人工单价			小　计					29.03	1.56	19.94	69.87
22.47元/工日			未计价材料费					282.17			
清单项目综合单价								402.57			

材料费明细	主要材料名称、规格、型号	单位	数量	单价（元）	合价（元）	暂估单价（元）	暂估合价（元）
	混凝土（C25）	m³	1.015	278	282.17		
	单袋	个	0.530	2.32	1.2296		
	水	m³	0.3760	0.45	0.1692		
	电	kW·h	0.468	0.35	0.1638		
	其他材料费			—			
	材料费小计			—	283.73	—	

工程量清单综合单价分析表　　　　　　　**表 1-58**

工程名称：某道路新建改建工程　　　　　　标段：　　　　　　　　　第　页　共　页

项目编码	040701002001	项目名称	非预应力钢筋	计量单位	t	工程量	6.036

清单综合单价组成明细

定额编号	定额名称	定额单位	数量	单价（元）				合价（元）			
				人工费	材料费	机械费	管理费和利润	人工费	材料费	机械费	管理费和利润
3-235	钢筋制作安装（现浇混凝土，φ10 以内）	t	1.00	374.35	41.82	40.10	847.66	374.35	41.82	40.10	847.66
人工单价			小　计					374.35	41.82	40.10	847.66
22.47 元/工日			未计价材料费					3580.20			
清单项目综合单价								4884.13			

材料费明细	主要材料名称、规格、型号	单位	数量	单价（元）	合价（元）	暂估单价（元）	暂估合价（元）
	钢筋（φ10 以内）	t	1.02	3510.00	3580.20		
	钢丝（18～22 号）	kg	8.86	4.72	41.82		
	其他材料费			—			
	材料费小计			—	3622.02		

工程量清单综合单价分析表　　　　　　　**表 1-59**

工程名称：某道路新建改建工程　　　　　　标段：　　　　　　　　　第　页　共　页

项目编码	040701002002	项目名称	非预应力钢筋	计量单位	t	工程量	71.454

清单综合单价组成明细

定额编号	定额名称	定额单位	数量	单价（元）				合价（元）			
				人工费	材料费	机械费	管理费和利润	人工费	材料费	机械费	管理费和利润
3-236	钢筋制作安装（现浇混凝土，φ10 以上）	t	1.00	182.23	61.78	69.66	866.96	182.23	61.78	69.66	866.96
人工单价			小　计					182.23	61.78	69.66	866.96
22.47 元/工日			未计价材料费					3814.72			
清单项目综合单价								4995.35			

材料费明细	主要材料名称、规格、型号	单位	数量	单价（元）	合价（元）	暂估单价（元）	暂估合价（元）
	钢筋（φ10 以外）	t	1.04	3668.00	3814.72		
	钢丝（18～22 号）	kg	2.95	4.72	13.924		
	电焊条	kg	8.88	5.39	47.86		
	其他材料费			—			
	材料费小计			—	3876.504		

清单工程量计算表见表 1-60。

清单工程量计算表　　　　　　表 1-60

序号	项目编码	项目名称	项目特征描述	计量单位	工程量
1	040801001001	拆除路面	黑色碎石路面,厚 8cm	m²	9000
2	040801002001	拆除基层	厂拌粉煤灰三渣基层,厚 15cm	m²	9000
3	040801002002	拆除基层	碎石底层(天然级配),厚 20cm	m²	9000
4	040801002003	拆除基层	石灰土基层,12%含灰量,厚 15cm	m²	4800
5	040801003001	拆除人行道	普通黏土砖,厚 6cm,平铺	m²	4800
6	040801004001	拆除侧缘石	混凝土侧石	m	2400
7	040801008001	伐树、挖树蔸	胸径 40mm 以内	棵	802
8	040801007001	拆除混凝土结构	树池尺寸为 0.5m×0.5m×0.7m,C25 混凝土块	m³	71.58
9	040203004001	沥青混凝土路面	细粒式沥青混凝土路面,厚 4cm	m²	18000
10	040203004002	沥青混凝土路面	粗粒式沥青混凝土路面,厚 8cm	m²	18000
11	040202006001	石灰、粉煤灰、碎石基层	石灰、粉煤灰、碎石基层,配合比为 10:20:70,厚 20cm	m²	18000
12	040202010001	碎石底层	厚 15cm	m²	18000
13	040204001001	人行道块料铺设	异形水泥花砖(D 型,60cm×220cm×219cm),3cm 厚水泥砂浆垫层	m²	7200
14	040202002001	石灰稳定土基层	石灰土基层,12%含灰量,厚 15cm	m²	7200
15	040204003001	安砌侧(半缘)石	3cm 厚混凝土垫层,混凝土侧石尺寸为 50cm×35cm×13cm	m	2400
16	040204006001	树池砌筑	混凝土块,规格为 25cm×5cm×12.5cm,树池尺寸为 0.7m×0.7m×0.8m,无树池盖	个	482
17	040201014001	盲沟	滤管盲沟,直径 30cm	m	2400
18	040801001002	拆除路面	水泥混凝土路面,厚 15cm	m²	5676.86
19	040801002004	拆除基层	石灰、粉煤灰、土基层,厚 20cm	m²	5676.86
20	040801002005	拆除基层	水泥稳定土基层,厚 15cm	m²	3240
21	040801002006	拆除基层	泥结碎石底层,厚 15cm	m²	5676.86
22	040801003002	拆除人行道	普通黏土砖,厚 10cm,侧铺	m²	3240
23	040801004002	拆除侧缘石	石质侧石	m	1620
24	040801008002	伐树、挖树蔸	胸径 30cm 以内	棵	542
25	040801007002	拆除混凝土结构	树池尺寸为 0.5m×0.5m×0.7m,C25 混凝土块	m³	48.37
26	040203005001	水泥混凝土路面	厚 22cm	m²	11367.47
27	040202006002	石灰、粉煤灰、碎(砾)石基层	石灰、粉煤灰、碎石基层,厚 20cm,配合比为 10:20:70	m²	11367.47
28	040202009001	卵石底层	厚 15cm	m²	11367.47
29	040202004001	石灰、粉煤灰、土基层	厚 15cm,配合比为 12:35:53	m²	4860
30	040204001002	人行道块料铺设	人行道板尺寸为 50cm×50cm×8cm,3cm 厚砂垫层	m²	4860
31	040204003002	安砌侧(半缘)石	混凝土侧石尺寸为 50cm×35cm×13cm,3cm 厚石灰土垫层	m	1620
32	040204006002	树池砌筑	混凝土块,规格 25cm×5cm×12.5cm,树池尺寸为 0.7m×0.7m×0.8m,无树池盖	个	326

续表

序号	项目编码	项目名称	项目特征描述	计量单位	工程量
33	040201014002	盲沟	砂石盲沟,40cm×40cm	m	1620
34	040101001001	挖一般土方	三类土	m³	42385.05
35	040103001001	填方	三类土,密实度为95%	m³	28530.28
36	040103002001	余方弃置	三类土,运距13km以内	m³	13854.77
37	040103003001	缺方内运	三类土,运距700m以内	m³	408.46
38	040203003001	黑色碎石路面	石油沥青,厚10cm	m²	19541.01
39	040202005001	石灰、碎石、土基层	厚20cm,配合比为8:20:72	m²	19541.01
40	040202008001	砂砾石底层	厚20cm,天然级配	m²	19541.01
41	040204001003	人行道块料铺设	人行道板尺寸为40cm×40cm×7cm,3cm厚砂垫层	m²	15600
42	040202002002	石灰稳定土基层	石灰土基层,8%含灰量,厚15cm	m²	15600
43	040204003003	安砌侧(半缘)石	3cm厚炉渣垫层,混凝土侧石尺寸为50cm×35cm×13cm	m	5200
44	040204006003	树池砌筑	混凝土块,规格为25cm×5cm×12.5cm,树池尺寸为0.7m×0.7m×0.8m,无树池盖	个	1042
45	040201014003	盲沟	砂石盲沟尺寸为30cm×40cm,单列式	m	2600
46	040305002001	现浇混凝土挡土墙墙身	C25混凝土,硬塑泄水管φ8,砂石滤层	m³	1145.10
47	040305001001	挡土墙基础	C25混凝土,砂垫层	m³	891.74
48	040304002001	浆砌块料	挡土墙墙身浆砌块石	m³	2941.02
49	040305001002	挡土墙基础	C25现浇混凝土	m³	1534.50
50	040701002001	非预应力钢筋	φ10以内	t	6.036
51	040701002002	非预应力钢筋	φ10以外	t	71.454

某道路新建改建施工图预算表见表1-61。

某道路新建改建施工图预算表 表1-61

序号	定额编号	分项工程名称	计量单位	工程量	基价(元)	人工费	材料费	机械费	合价(元)
1	1-545	人工拆除沥青柏油类面层(厚8cm)	100m²	90.00	186.28	186.28	—	—	16765.20
2	1-569	人工拆除无骨料多合土基层(厚10cm)	100m²	97.20	175.04	175.04	—	—	17013.89
3	1-570	人工拆除无骨料多合土基层(增5cm)	100m²	97.20	87.63	87.63	—	—	8517.64
4	1-557	人工拆除碎石基层(厚15cm)	100m²	97.20	230.77	230.77	—	—	22430.84
5	1-558	人工拆除碎石基层(增5cm)	100m²	97.20	76.40	76.40	—	—	7426.08
6	1-569	人工拆除无骨料多合土(石灰土)基层(厚10cm)	100m²	55.20	175.04	175.04	—	—	9662.21
7	1-570	人工拆除无骨料多合土(石灰土)基层(增5cm)	100m²	55.20	87.63	87.63	—	—	4837.18
8	1-576	拆除人行道(普通黏土砖,平铺)	100m²	48.00	55.28	55.28	—	—	2653.44

续表

序号	定额编号	分项工程名称	计量单位	工程量	基价(元)	人工费	材料费	机械费	合价(元)
						其中(元)			
9	1－579	拆除混凝土侧石	100m	24.00	75.50	75.50	—	—	1812.00
10	1－613	伐树,离地面20cm处树干直径40cm以内	10棵	80.2	143.81	143.81	—	—	11533.56
11	1－617	挖树蔸,离地面20cm处树干直径40cm以内	10棵	80.2	258.41	258.41	—	—	20724.48
12	1－610	机械拆除混凝土障碍物(树池,无筋)	10m³	7.158	993.52	406.71	4.07	582.74	7111.62
13	2－285	机械摊铺细粒式沥青混凝土路面(厚3cm)	100m²	180	163.16	48.76	9.28	105.12	29368.80
14	2×(2－286)	机械摊铺细粒式沥青混凝土路面(增1cm)	100m²	180	74.56	16.18	5.62	52.76	13420.80
15	1－651	机动翻斗车运输细粒式沥青混凝土(运距200m)	10m³	72.00	128.34	46.96	—	81.38	9240.48
16	2×(1－652)	机动翻斗车运输细粒式沥青混凝土(运距增400m)	10m³	72.00	28.00	—	—	28.00	2016.00
17	2－269	机械摊铺粗粒式沥青混凝土路面(厚6cm)	100m²	180	259.50	59.77	18.54	181.19	46710.00
18	2×(2－270)	机械摊铺粗粒式沥青混凝土路面(增2cm)	100m²	180	56.30	21.12	6.08	29.10	10134.00
19	1－651	机动翻斗车运输粗粒式沥青混凝土(运距200m)	10m³	144.00	128.34	46.96	—	81.38	18480.96
20	3×(1－652)	机动翻斗车运输粗粒式沥青混凝土(运距增600m)	10m³	144.00	42.00	—	—	42.00	6048.00
21	2－162	拌合机拌合石灰、粉煤灰、碎石基层(厚20cm,10∶20∶70)	100m²	187.20	2567.17	315.70	2164.89	86.58	480574.22
22	2－177	顶层多合土洒水车洒水养生	100m²	187.20	12.75	1.57	0.66	10.52	2386.80
23	2－198	人机配合铺装碎石基层(厚15cm)	100m²	187.20	1078.37	72.58	878.73	127.76	201870.86
24	2－323	异形彩色花砖安砌(D型砖,1∶3水泥砂浆垫层)	10m²	720.00	100.07	68.31	31.26	—	72050.40
25	2－43	人工拌合石灰土基层(厚15cm,12%含灰量)	100m²	79.20	761.90	358.17	370.21	33.52	60342.48
26	2－178	顶层多合土人工洒水养生	100m²	79.20	6.95	6.29	0.66	—	550.44
27	2－330	人工铺装侧缘石(3cm厚)混凝土垫层	m³	9.36	34.47	34.38	0.09	—	322.64
28	2－332	混凝土侧石安砌(立缘石,每块长50cm)	100m	24.00	267.88	217.28	50.60	—	6429.12
29	2－344	砌筑混凝土块树池(25cm×5cm×12.5cm)	100m	13.496	98.53	94.15	4.38	—	1329.76
30	2－7	路基盲沟(滤管盲沟,φ30)	100m	24.00	6526.13	1243.27	5282.86	—	156627.12

续表

序号	定额编号	分项工程名称	计量单位	工程量	基价(元)	其中(元) 人工费	其中(元) 材料费	其中(元) 机械费	合价(元)
31	1—549	人工拆除混凝土类路面层(厚15cm,无筋)	100m²	56.7686	390.98	390.98	—	—	22195.39
32	1—569	人工拆除石灰、粉煤灰、土基层(厚10cm)	100m²	61.6286	175.04	175.04	—	—	10787.47
33	2×(1—570)	人工拆除石灰、粉煤灰、土基层(增10cm)	100m²	61.6286	175.26	175.26	—	—	10801.03
34	1—569	人工拆除水泥稳定土基层(厚10cm)	100m²	37.26	175.04	175.04	—	—	6521.99
35	1—570	人工拆除水泥稳定土基层(增5cm)	100m²	37.26	87.63	87.63	—	—	3265.09
36	1—557	人工拆除泥结碎石基层(厚15cm)	100m²	61.6286	230.77	230.77	—	—	14222.03
37	1—577	拆除人行道(普通黏土砖,侧铺)	100m²	32.40	112.57	112.57	—	—	3647.27
38	1—580	拆除石质侧石	100m	16.20	99.77	99.77	—	—	1616.27
39	1—612	伐树,离地面20cm处树干直径30cm内	10棵	54.2	71.90	71.90	—	—	3896.98
40	1—616	挖树蔸,离地面20cm处树干直径30cm内	10棵	54.2	130.33	130.33	—	—	7063.89
41	1—608	人工拆除混凝土障碍物(树池,无筋)	10m³	4.837	711.62	711.62	—	—	3442.11
42	2—290	C25水泥混凝土路面(厚22cm)	100m²	113.6747	1045.71	814.54	138.65	92.52	118870.77
43	2—300	水泥混凝土路面养生(草袋养护)	100m²	113.6747	132.43	25.84	106.59	—	15053.94
44	2—294	人工切缝沥青玛琋脂伸缩缝	10m²	53.46	834.41	77.75	756.66	—	44607.56
45	2—298	锯缝机锯缝	10m	225.40	22.52	14.38	—	8.14	5076.01
46	2—162	拌合机拌合石灰、粉煤灰、碎石基层(厚20cm,10∶20∶70)	100m²	118.5347	2567.17	315.70	2164.89	86.58	304298.72
47	2—177	顶层多合土洒水车洒水养生	100m²	118.5347	12.75	1.57	0.66	10.52	1511.32
48	2—184	人工铺装卵石底层(厚15cm)	100m²	118.5347	1154.45	211.89	879.27	63.29	136842.38
49	2—309	人行道板安砌(砂垫层,50cm×50cm×8cm)	100m²	48.60	558.78	268.52	290.26	—	27156.71
50	2—129	人工拌合石灰、粉煤灰、土基层(厚15cm,12∶35∶53)	100m²	53.46	1530.23	346.04	1150.67	33.52	81806.10
51	2—177	顶层为多合土洒水车洒水养生	100m²	53.46	12.75	1.57	0.66	10.52	681.62
52	2—239	人工铺装侧缘石3cm厚石灰土垫层	m³	6.32	48.11	27.19	20.92	—	304.06
53	2—332	混凝土侧石安砌(立缘石,每块长50cm)	100m	16.20	267.88	217.28	50.60	—	4339.66
54	2—344	砌筑混凝土块树池(25cm×5cm×12.5cm)	100m	9.128	98.53	94.15	4.38	—	899.38

续表

序号	定额编号	分项工程名称	计量单位	工程量	基价(元)	其中(元)			合价(元)
						人工费	材料费	机械费	
55	2—5	路基盲沟(砂石盲沟,40cm×40cm)	100m	16.20	1153.45	299.08	854.37	—	18685.89
56	1—2	人工挖土方(三类土)	100m³	423.8505	733.87	733.87	—	—	311051.16
57	1—47	人工装土,机动翻斗车运土(运距200m)	100m³	423.8505	1037.82	338.62	—	699.20	439880.52
58	2×(1—48)	人工装土,机动翻斗车运土(运距增400m)	100m³	423.8505	206.52	—	—	206.52	87533.61
59	1—358	填土碾压(拖式双筒半足碾,75kW)	1000m³	32.80982	1823.83	134.82	6.75	1682.26	59839.53
60	2—1	路床碾压检验	100m²	210.60	81.78	8.09	—	73.69	17222.87
61	2—2	人行道整形碾压	100m²	171.60	46.56	38.65	—	7.91	7989.70
62	1—49	人工装卸汽车运土方	100m³	138.5477	370.76	370.76	—	—	51367.95
63	1—275	自卸汽车运土(载重4.5t以内,运距13km以内)	1000m³	15.2402	19939.72	—	5.40	19934.32	303886.31
64	1—174	自行铲运机铲运土(运距700m以内,8~10m³ 三类土)	1000m³	0.40846	4702.03	134.82	2.25	4564.96	1920.59
65	2—259	机械摊铺黑色碎石路面(厚7cm)	100m²	195.4101	205.69	56.85	21.58	127.26	40193.90
66	3×(2—260)	机械摊铺黑色碎石路面(增3cm)	100m²	195.4101	64.53	26.28	9.12	29.13	12609.81
67	2—167	机拌石灰、土、碎石基层(8:72:20,厚20cm)	100m²	211.0101	926.99	174.59	665.82	86.58	195604.25
68	2—177	顶层多合土洒水车洒水养生	100m²	211.0101	12.75	1.57	0.66	10.52	2690.38
69	2—182	人工铺装砂砾石底层(天然级配,厚20cm)	100m²	211.0101	1316.90	160.66	1084.61	71.63	277879.20
70	2—308	人行道板安砌(砂垫层,40cm×40cm×7cm)	100m²	156.00	561.70	271.44	290.26	—	87625.20
71	2—41	人工拌合石灰土基层(厚15cm,8%含灰量)	100m²	171.60	611.52	330.76	247.24	33.52	104936.83
72	2—178	顶层多合土人工洒水养生	100m²	171.60	6.95	6.29	0.66	—	1192.62
73	2—328	人工铺装侧缘石3cm厚炉渣垫层	m³	20.28	85.90	17.53	68.37	—	1742.05
74	2—332	混凝土侧石安砌(立缘石,每块长50cm)	100m	52.00	267.88	17.28	50.60	—	13929.76
75	2—344	砌筑混凝土块树池(25cm×5cm×12.5cm)	100m	29.176	98.53	94.15	4.38	—	2874.71
76	2—4	路基盲沟(砂石盲沟,30cm×40cm,单列式)	100m	26.00	879.30	249.64	629.66	—	22861.80
77	1—711	挡土墙墙身(现浇混凝土)	10m³	114.51	358.28	280.43	13.77	64.06	41026.64
78	3—495	安装泄水孔(硬塑料管)	10m	23.04	144.15	15.73	128.42	—	3321.22
79	1—685	砂石滤层(厚度30cm以内)	10m³	74.455	688.32	90.33	597.99	—	51248.87

续表

序号	定额编号	分项工程名称	计量单位	工程量	基价(元)	人工费	材料费	机械费	合价(元)
							其中(元)		
80	3—505	沉降缝(沥青木丝板)	10m²	11.135	318.42	9.89	308.53	—	3545.61
81	3—263	一般挡土墙基础(现浇混凝土基础)	10m³	89.174	505.34	290.31	15.63	199.40	45063.19
82	3—505	沉降缝(沥青木丝板)	10m²	8.879	318.42	9.89	308.53	—	2827.25
83	1—709	重力式挡土墙墙身(浆砌块石)	10m³	294.102	1216.37	334.35	855.42	26.60	357736.84
84	3—263	重力式挡土墙基础(现浇混凝土基础)	10m³	153.45	505.34	290.31	15.63	199.40	77544.42
85	3—235	钢筋制作、安装(现浇混凝土,ϕ10以内)	t	6.036	456.27	374.35	41.82	40.10	2754.05
86	3—236	钢筋制作、安装(现浇混凝土,ϕ10以上)	t	71.454	313.67	182.23	61.78	69.66	22412.98

1.7 道路新建改建工程的方法、技巧、经验

1. 分析题干,回顾重点

由题干可知:本工程需要将 1 号道路和 2 号道路拆除和重建。还需要在 1 号道路上新建一条 3 号道路。旧路结构为:1 号道路留 7.5m 人行道,路宽 2.0×2m＝4.0m。每隔 3m 种一棵树,树池尺寸为 0.5m×0.5m×0.7m。2 号道路宽 7.0m,人行道宽 2.0×2m＝4.0m,每隔 3m 种一棵树,树池尺寸为 0.5m×0.5m×0.7m。新建道路结构为:1 号道路双向四车道,宽 15.0m。中央分隔带宽 4.0m,人行道宽 3.0×2m＝6.0m。人行道上每隔 5m 种一棵树,树池尺寸 0.7m×0.7m×0.8m,2 号道路也为双向四车道,宽 14.0m,人行道宽 3.0×2m＝6.0m。人行道上每隔 5m 种一棵树,树池尺寸为 0.7m×0.7m×0.8m,3 号道路为单向两车道,宽 7.5m,人行道宽 3.0×2m＝6.0m,树池和树间距同 1 号道路,侧石尺寸为 50cm×35cm×13cm。

2. 图形分析,要点点拨

(1) 由旧路示意图(图 1-1)可以得出旧的 1 号道路的旧的 2 号道路是正交,两条路路面有大面积的网裂、车辙、坑槽,还有严重的横缝和纵缝,两条路损坏严重。

(2) 由新路结构示意图(图 1-2)可以得出新建 1 号道路和 2 号道路都拓宽了,1 号道路中央设了分隔带,3 号道路与 1 号道路是斜交,夹角 75°。

(3) 由 1 号旧路结构示意图(图 1-3)可知:旧 1 号道路的行车道构造为:20cm 厚级配碎石底层,15cm 厚厂拌粉煤灰三渣基层,8cm 厚黑色碎石路面。人行道构造为:15cm 厚石灰土基层,3cm 厚水泥砂浆垫层,6cm 厚普通黏土砖。

(4) 由 2 号旧路结构示意图(图 1-4)可知:旧 2 号道路和行车道构造为:15cm 厚泥结碎石底层,20cm 厚石灰、粉煤灰、土基层,15cm 厚水泥混凝土路面。人行道

构造为：15cm 厚水泥稳定土基层，3cm 厚石灰砂浆垫层，10cm 厚普通黏土砖。

（5）由 1 号新路结构示意图（图 1-5）可知：1 号新路行车道构造为：15cm 厚人机配合碎石底层，20cm 厚石灰、粉煤灰、碎石基层，8cm 厚粗粒式沥青混凝土路面，4cm 厚细粒式沥青混凝土路面。人行道构造为：15cm 厚石灰土基层，3cm 厚水泥砂浆垫层，5cm 厚异形水泥花砖。

（6）由 2 号新路结构示意图（图 1-8）可知：2 号新路行车道的构造为：15cm 厚卵石底层，20cm 厚石灰、粉煤灰、碎石基层，22cm 厚水泥混凝土路面。人行道的构造为：15cm 厚石灰、粉煤灰、土基层，3cm 厚砂浆垫层，8cm 厚人行道板。

（7）由挡土墙一般结构图（图 1-9）和挡土墙配筋图（图 1-10）可知：挡土墙坡度和挡土墙基础坡度比为 1∶0.05；挡土墙上部宽 0.3m，挡土墙基础宽度方向的钢筋是 $\phi20@20$，长度方向的钢筋为 $\phi10@20$，挡土墙上部钢筋是 $\phi8@15$、$\phi22@25$。

（8）1 号新路盲沟构造、2 号新路盲沟构造、3 号新路盲沟构造、3 号道路路基断面的示意图可看本例题的图 1-11～图 1-14。

（9）由重力式挡土墙示意图（图 1-6）可知：挡土墙的构造为 M10 浆砌块石，挡土墙上宽 1.2m，基础宽为 3.0m。基础坡度和挡土墙坡度为 1∶0.25，基础用 C25 混凝土。

3. 定额与清单工程量计算规则的区别与联系

1）拆除路面

定额工程量计算规则：根据《全国统一市政工程预算定额第一册通用项目》，拆除旧路及人行道按实际拆除面积以 m^2 计算。

清单工程量计算规则：按施工组织设计或设计图示尺寸以面积计算。

2）拆除侧缘石

定额工程量计算规则：根据《全国统一市政工程预算定额第一册通用项目》，拆除侧缘石及各类管道按长度以 m 计算。

清单工程量计算规则：按施工组织设计或设计图示尺寸以延长米计算。

3）伐树、挖树蔸

定额工程量计算规则：根据《全国统一市政工程预算定额第一册通用项目》，伐树、挖树蔸按实际数以棵计算。

清单工程量计算规则：按施工组织设计或设计图示以数量计算。

4）道路面层

定额工程量计算规则：根据《全国统一市政工程预算定额第二册道路工程》，①水泥混凝土以平口为准，如设计为企口时，其用工量按本定额相应项目乘以系数 1.010 木材摊销量，按本定额相应项目摊销量乘以系数 1.051。②道路工程沥青混凝土、水泥混凝土及其他类型路面工程量以设计长乘以设计宽计算（包括转弯面积），不扣除各类井所占面积。

清单工程量计算规则：按设计图示尺寸以面积计算；不扣除各种井面积所占面积。

5）安砌侧（半缘）石

定额工程量计算规则：根据《全国统一市政工程预算定额第二册道路工程》，道路工程的侧缘（平）石、树池等项目以延长米计算，包括各转变处的弧形长度。

清单工程量计算规则：按设计图示中心线长度计算。

4. 工程量计算易错、易漏项明示

（1）《全国统一市政工程预算定额第一册通用项目》中说明：人工拆除二茬、三茬基层应根据材料组成情况套无骨料多合土或有骨料多合土基层拆除子目。机械拆除二茬、三茬基层按液压岩石破碎机破碎松石执行。

（2）《全国统一市政工程预算定额第二册道路工程》中说明：石灰土基、多合土基、多层次铺筑时，其基础顶层需进行养生，养生期按 7d 考虑，其用水量已综合在顶层多合土养生定额内，使用时不得重复计算用水量。

（3）无交叉口的路段路面面积＝设计宽度×路中心线设计长度。有交叉口的路段路面面积应包括转弯处增加的面积，一般交叉口的两侧计算至转弯圆弧的切点断面。1 号道路和 2 号道路是正交的，由图可知两个转角处增加的面积相等，计算公式为：

$$A = R^2 - \frac{1}{4} R^2 \pi = R^2 \left(1 - \frac{1}{4} \pi\right) = 0.2146 R^2$$

注：增加面积＝正方形面积$-\frac{1}{4}$圆的面积。

1 号道路与 2 号道路斜交可参照图 1-2。1 号道路与 3 号道路交叉转弯圆弧计算示意图，交叉口面积的计算公式（半径为 R_1 转弯处增加的面积，即图中阴影部分）：

$$A_1 = R_1^2 \left[\tan \frac{180° - \phi}{2} - (180° - a)\pi/360°\right] \approx R_1^2 \left[\tan \frac{\phi}{2} - 0.00873(180° - \phi)\right]$$

半径为 R_2 转弯处增加的面积（图中阴影部分）：

$$A_2 = R_2^2 \left(\tan \frac{\phi}{2} - \phi\pi/360°\right) \approx R_2^2 \left(\tan \frac{\phi}{2} - 0.00873\phi\right)$$

图中两个转弯处的面积为：

$$A = (A_1 + A_2)$$

5. 清单组价重点、难点剖析

（1）在进行清单组价时，一个清单项目可能同时套用几个定额子目，这些定额子目的套用都直接影响着该清单项目的综合单价。

（2）在套用定额时，如果实际中用到的材料与定额不符合或有未计价材料时，应根据变价不变量的原则重新组价。

（3）工程量清单综合单价分析表中"材料费明细"一栏中，如果该清单项目所套用定额中没有未计价材料，则应填写所套用定额中的所有计价材料，相同材料应合并计算，如果有未计价材料，则应填写所有未计价材料。未计价材料的费用应并入直接费中。

（4）工程量清单综合单价分析表中的综合单价填入分部分项工程量清单与计价表中，用工程量乘以综合单价得合价。

6. 疑难点、易错点总结

（1）首先应根据题意并结合图示分析该工程中涉及的清单项目，然后进行列项并根据清单工程量计算规则，求其清单工程量，不得漏项。

（2）其次应分析各个清单项目所涉及的工程内容，并根据定额工程量计算规则分别求出各自的定额工程量。

（3）在套用定额时，应根据分项工程名称及其项目特征准确套用定额。

（4）本工程进行清单组价时套用的是全国定额。

精讲实例二　某市政排水工程

2.1　简要工程概况

　　某市政排水工程中预修筑一条排水管渠，在修建过程中管渠需穿越一条河流，因此在施工过程中需采用倒虹管的管道铺设形式进行施工，该倒虹管管道有三部分，分别为上行管、平行管和下行管，管道长度及相关尺寸如图 2-1、图 2-2 所示；进水井和出水井规格分别为 1500mm×1000mm、2000mm×1500mm，试计算该段管道的清单工程量。（说明：两条管道的直径相同，均为 500mm，长度相同，平行布置）

2.2　工程图纸识读

　　市政工程图主要包括城市道路、桥梁、城市轨道交通和隧道、给水排水管道、防洪排涝、水资源的循环利用和城市照明等市政基础设施的施工图。市政工程图纸应按专业顺序编排。一般应为图纸目录、总图、建筑图、结构图、给水排水图、暖通空调图、电气图等。各专业的图纸应该按图纸内容的主次关系、逻辑关系，有序排列。例如，市政排水工程图图纸包括排水平面图、排水系统图、排水施工详图等。

1. 市政排水工程图的构成

　　1）排水平面图读图要点

　　（1）了解给水排水系统的编号；

　　（2）了解排水系统中排水管渠及构筑物的位置；

　　（3）了解管路的坡度、各管道的管径。

　　2）排水系统图

　　排水系统图主要反映各管道、管渠以及排水构筑物的相互联系和相对位置等情况。

　　系统图的读图要点：

　　（1）了解各管道的管径、标高；

　　（2）结合平面图，了解管道（管渠）与排水构筑物的连接情况；

　　（3）了解给水排水系统的设备附件种类。

　　3）给水排水施工详图

　　大样详图是将给水排水施工图中的局部范围，以比例放大而得到的图样，表明尺寸及做法而绘制的局部详图。通常有设备节点详图、接口大样详图、管道固定详图、排水构筑物大样图等。

4）给水排水识图方法

（1）一般看图应先看图纸总说明，了解工程的基本情况，并先弄清图上特别注明的图例；

（2）通过图纸了解和掌握图纸表示的给水排水工程的全部内容；

（3）必须学好国家建筑标准设计图集，特别是混凝土结构施工图平面整体表示方法制图规则和构造详图；

（4）理论与实际劳动相结合，一边看施工图纸，一边到现场看实物；

（5）思想中对小到每个构件大到整栋建筑要形成一个立体观。

2. 某市政排水工程图纸

某市政排水工程如图 2-1、图 2-2 所示。

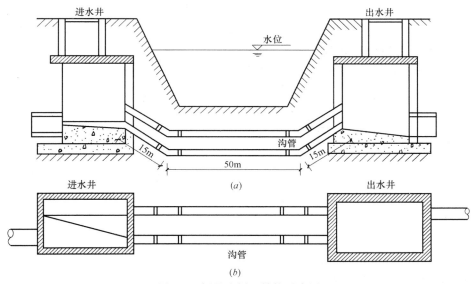

图 2-1　折叠式倒虹结构示意图

（a）倒虹管断面图；（b）倒虹管平面图

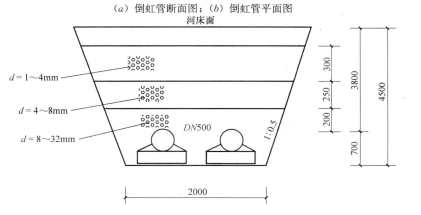

图 2-2　倒虹吸管道上行管、平行管、下行管断面图

3. 读图举例——识读折叠式倒虹结构示意图

由图 2-1 可以看到折叠式倒虹结构示意图分为两部分：倒虹管断面图、倒虹管平面图。从断面图上可以看到倒虹管呈一个上宽下窄的梯形；倒虹管左侧为进水井，右侧为出水井，中间由沟管连接。从图 2-1 中可以看到沟管的总长为 80m。

从图 2-2 中可以看到从河床面到倒虹吸管底座的总高度为 4500mm，整个断面从上到下依次为河床面、滤料、倒虹吸管。滤料层按颗粒直径大小共分为三层：第一层滤料直径为 1～4mm，厚度为 300mm，第二层滤料直径为 4～8mm，厚度为 250mm，第三层滤料直径为 8～32mm，厚度为 200mm。最下面敷设倒虹吸管，两个倒虹吸管并列敷设，直径均为 500mm。最下面一层高度为 700mm，宽度为 2000mm。整个断面呈一个上宽下窄的梯形，断面坡度为 1∶0.5。

2.3 工程量计算规则

1. 定额工程量计算规则

各种角度的混凝土基础、混凝土管、缸瓦管铺设，井中至井中的中心扣除检查井长度，以延长米计算工程量。每座检查井扣除长度按表 2-1 计算。

检查井的扣除长度　　　　　　　　　　表 2-1

检查井直径(mm)	扣除长度(m)	检查井类型	扣除长度(mm)
700	0.4	各种矩形井	1.0
1000	0.7	各种交汇井	1.20
1250	0.95	各种扇形井	1.0
1500	1.20	圆形跌水井	1.60
2000	1.70	矩形跌水井	1.70
2500	2.20	阶梯式跌水井	按实扣

管道接口区分管径和做法，以实际接口个数计算工程量。

管道安装均按施工图中心线的长度计算（支管的长度从主管中心开始计算到支管末端交界处的中心），管件、阀门所占长度已在管道施工损耗中综合考虑，计算工程量时均不扣除其所占长度。

管道闭水试验，以实际闭水长度计算，不扣除各种井所占长度。

管道出水口区分形式、材质及管径，以"处"为单位计算。

大口井内套管、辐射井管安装按设计图示中心线长度计算。

2. 清单工程量计算规则

某市政排水工程清单工程量计算规则见表 2-2。

某市政排水工程清单工程量计算规则　　　　　　表 2-2

序号	项目编码	项目名称	工程量计算规则
1	040501001	混凝土管	按设计图示中心线长度以延长米计算。不扣除附属构筑物、管件及阀门等所占长度
2	040601025	滤料铺设	按设计图示尺寸以体积计算

2.4　工程算量讲解部分

1. 清单工程量

根据中华人民共和国《建设工程工程量清单计价规范》（GB 50500—2008）可知，"管道沉管跨越铺设的清单工程量应按设计图管道中心的长度计算，不扣除管井、阀门、法兰所占的长度。"

项目编码：040501001，项目名称：钢筋混凝土管道铺设

项目编码：040601025，项目名称：滤料铺设

1）管道铺设长度

$DN500$：（15＋50＋15）×2m＝80×2m ＝160m

【注释】　15m——指倒虹管管道的上行管、下行管的长度；

　　　　　50m——指倒虹管管道的平行管长度；

　　　　　　2——指平行布置的2条管道。

2）滤料铺设工程量

（1）粒径1～4mm

$[2.0＋(0.7＋0.2＋0.25)×0.5×2＋0.3×0.5]×0.3×160m^3$

$＝(2.0＋1.15＋0.15)×0.3×160m^3$

$＝158.4m^3$

【注释】　2.0m——指底边长；

　　　　　0.7m——指管道最上边到底边的距离；

　　　　　0.2m——指滤料铺设（粒径在8～32mm）的厚度；

　　　　　0.25m——指滤料铺设（粒径在4～8mm）的厚度；

　　　　　0.3m——指滤料铺设（粒径在1～4mm）的厚度；

　　　　　　0.5——指坡度系数；

　　　　160m——指管道铺设的长度。

（2）粒径4～8mm

$[2.0＋(0.7＋0.2)×0.5×2＋0.25×0.5]×0.25×160m^3$

$＝(2.0＋0.9＋0.125)×0.25×160m^3$

$＝121m^3$

【注释】　2.0m——指底边长；

　　　　　0.7m——指管道最上边到底边的距离；

　　　　　0.2m——指滤料铺设（粒径在8～32mm）的厚度；

　　　　　0.25m——指滤料铺设（粒径在4～8mm）的厚度；

　　　　　　0.5——指坡度系数；

　　　　160m——指管道铺设的长度。

（3）粒径 8～32mm

$(2.0+0.7\times0.5\times2+0.2\times0.5)\times0.2\times160m^3$

$=(2.0+0.7+0.1)\times0.2\times160m^3$

$=89.6 m^3$

【注释】 2.0m——指底边长；

0.7m——指管道最上边到底边的距离；

0.2m——指滤料铺设（粒径在 8～32mm）的厚度；

0.5——指坡度系数；

160m——指管道铺设的长度。

清单工程量计算见表 2-3。

清单工程量计算表 表 2-3

序号	项目编码	项目名称	项目特征描述	计量单位	工程量
1	040501001001	钢筋混凝土管道铺设	DN500	m	160
2	040601025001	滤料铺设	粒径在 1～4mm	m³	158.4
3	040601025002	滤料铺设	粒径在 4～8mm	m³	121
4	040601025003	滤料铺设	粒径在 8～32mm	m³	89.6

2. 定额工程量

1）混凝土管道铺设

根据《全国统一市政工程预算定额第六册排水工程》（GYD－306－1999）中的相关规定，计量单位为 100m，计算其定额工程量：

160m＝1.6(100m)

定额编号：6－54，基价：437.00 元，计量单位：100m

2）滤料铺设：根据《全国统一市政工程预算定额第五册排水工程》

（GYD－305－1999）中的相关规定，计量单位为 10m³，计算其定额工程量：

（1）滤料铺设（粒径在 8mm 以内）：

滤料铺设工程量：$(158.4+121)m^3=279.4 m^3=27.94(10 m^3)$

定额编号：5－442，基价：1117.93 元，计量单位：10m³

（2）滤料铺设（粒径在 32mm 以内）：

滤料铺设工程量：$89.6m^3=8.96(10m^3)$

定额编号：5－444，基价：1091.58 元，计量单位：10m³

2.5 工程算量计量技巧

工程量计算是一件繁杂的工作，掌握一定的技巧可以帮助我们快速、准确地进行工程量计算。在进行工程量计算时，我们首先应将工程项目——列出，列出该分项工程量计算式。计算式应力求简单、明了，并按一定的次序排列，便于审查、核对。之后再对各计算式进行逐式计算，然后再累计各计算式的数量，其和就是该分部分项工程的工程量。最后，还要将相应的计算结果进行调整，使计算结果符合清单或定额的计量单位。

精讲实例三　某污水处理厂新建集水井工程

3.1　简要工程概况

某污水处理厂新建集水井一座，底座为 C20 混凝土基础，宽 2000mm，厚 100mm；井壁采用 M10 水泥砂浆砌砖，砖层外抹水泥砂浆。集水井集水管管径为 200mm，出水管管径为 50mm，井内另设置一台水泵，一台电机。具体尺寸见图 3-1～图 3-3，试计算其主要工程量。

3.2　工程图纸识读

1. 市政工程图的构成

市政工程图按专业可以分为道路工程图、桥梁工程图、隧道工程图、给水排水工程图等。

道路工程图主要是由道路平面图，纵断面图、横断面图、交叉口竖向设计图及路面结构图等组成。桥梁工程图主要由总体布置图（平面图、横剖面图）、构件图等组成。隧道工程图包括平面图、剖面图（横、纵）、局部详图等。市政工程施工图一般由施工总图（位置图）、平面图、横断面图、纵断面图、剖面图（横、纵）、大样图、节点详图组成。给水排水工程图主要由平面图、系统图、节点详图等组成。

施工总图（位置图）主要表明市政工程中道路、桥梁等工程的具体方位；剖面图主要表示一些在平面图上难以完整表达的竖向细节，给读者更加清晰的认识。详图主要是表示一些在平面图上不能具体表示的局部的节点或设备的具体做法。无论是哪个专业的图纸，我们在读图时都要掌握一定的顺序，一般从平面图读起，按照平、立、剖面图，最后看局部详图的顺序进行。读图时要注意把平面图与立面图和剖面图以及详图结合起来识读。

2. 读图举例——某污水处理厂新建集水井图纸

1）剖面图识读

以图 3-1 为例。从图上可以看到集水井高 4700mm，采用 C20 混凝土基座，宽 2000mm，高 100mm；井壁采用 M10 水泥砂浆砌砖，10mm 厚水泥砂浆勾缝；井壁外表层采用1∶2的 20mm厚水泥砂浆抹面。集水井集水管管径为 200mm，出水管管径为 50mm，内设水泵、电机各一台。

2）俯视图识读

以图 3-2 为例。从图上可以看到集水井外径为 2500mm，内径为 2400mm，集水管和出水管位于井口中心线上。出水管竖管外径为 500mm，内径为 300mm。

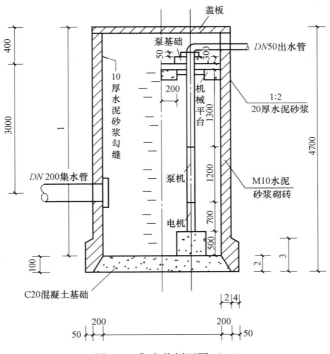

图 3-1 集水井剖面图（一）

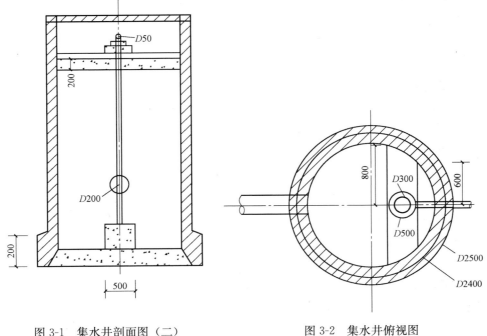

图 3-1 集水井剖面图（二）   图 3-2 集水井俯视图

3.3 工程量计算规则

1. 定额工程量计算规则

各种井均按施工图数量，以"座"为单位。

管道支墩按施工图以实体积计算，不扣除钢筋、铁件所占体积。

2. 清单工程量计算规则

某污水处理厂新建集水井工程清单工程量计算规则见表 3-1。

清单工程量计算规则   表 3-1

序号	项目编码	项目名称	工程量计算规则
1	040504001	砌筑井	按设计图示数量计算
2	040601001	现浇混凝土沉井井壁及隔墙	按设计图示尺寸以体积计算
3	040601003	沉井混凝土底板	按设计图示尺寸以体积计算

3.4 工程算量讲解部分

【解】 集水井是用以汇集和存蓄地下水的水井，做在建筑的周围，以形成局部水集中，便于排出，达到基坑内无水施工的目的。

1. 清单工程量

根据《建设工程工程量清单计价规范》（GB 50500—2013），应按图示数量计算。

集水井 1 座，其中：

（1）混凝土浇筑：

C20 混凝土基础：$V_1 = 1/3 \times 3.14 \times 0.1 \times 0.25 \times (2^2 + 2.4^2 + 2 \times 2.4) m^3$
$$= 0.381 m^3 \approx 0.38 m^3$$

【注释】   0.1m——基础高；

               2m——基础上底面直径；

               2.4m——基础下底面直径。

电机基座：$V_2 = 0.25 \times 3.14 \times 0.5^2 \times 0.5 m^3 = 0.098 m^3 \approx 0.10 m^3$

【注释】   0.5m——基座直径；

               0.5m——基座高度。

机械平台基础：$V_3 = (0.2 \times 0.2 \times 1.6 + 0.2 \times 0.2 \times 1.32) m^3 = 0.117 m^3 \approx 0.12 m^3$

【注释】   机械平台基础为两个长方条，其中：

               0.2m——基础宽和高；

1.6、1.32m——基础长。

泵基础：$V_4 = 0.25 \times 3.14 \times [(0.5^2 - 0.05^2) \times 0.3 + (0.3^2 - 0.05^2) \times 0.05]\mathrm{m}^3$

$\qquad\qquad = 0.062\mathrm{m}^3 \approx 0.06\mathrm{m}^3$

【注释】　0.5m——下层基础直径；

$\qquad\qquad$ 0.3m——下层基础高度；

$\qquad\qquad$ 0.3m——上层基础直径；

$\qquad\qquad$ 0.05m——排水管管径；

$\qquad\qquad$ 0.05m——下层基础高度。

综上，混凝土浇筑工程量为 $V = (0.38 + 0.10 + 0.12 + 0.06)\mathrm{m}^3 = 0.66\mathrm{m}^3$

（2）砌筑工程量：

M10 水泥砂浆砌砖：

$V = 3.14 \times 0.25 \times [(2.4^2 - 2^2) \times (4.7 - 0.1) + (2.5^2 - 2.4^2) \times 0.2 + 2.4^2 \times$

$\qquad 0.1] - 0.38\mathrm{m}^3$

$\qquad = 6.812\mathrm{m}^3 \approx 6.81\mathrm{m}^3$

【注释】　2.4m——砌筑 1 部分外径；

$\qquad\qquad$ 2m——砌筑 1 部分内径；

$\qquad\qquad$ 4.7m——砌筑 1 部分高；

$\qquad\qquad$ 0.1m——基础高；

$\qquad\qquad$ 2.5m——砌筑 3 部分外径；

$\qquad\qquad$ 2.4m——砌筑 3 部分内径；

$\qquad\qquad$ 0.2m——砌筑 3 部分高；

$\qquad\qquad$ 2.4m——砌筑 2 部分外径；

$\qquad\qquad$ 0.1m——砌筑 2 部分高；

$\qquad\qquad$ 0.38m³——基础体积。

（3）勾缝工程量：$3.14 \times 2 \times (4.7 - 0.1)\mathrm{m}^2 = 28.888\mathrm{m}^2 \approx 28.89\mathrm{m}^2$

【注释】　2m——井室直径；

$\qquad\qquad$ 4.7m——检查井高度；

$\qquad\qquad$ 0.1m——基础高。

（4）抹面工程量：$[3.14 \times 2.4 \times (4.7 - 0.2) + 3.14 \times 2.5 \times 0.2]\mathrm{m}^2 = 35.482\mathrm{m}^2$ $\approx 35.48\mathrm{m}^2$

【注释】　$3.14 \times 2.4 \times (4.7 - 0.2)\mathrm{m}^2$——A 部分抹面面积；

$\qquad\qquad\qquad 3.14 \times 2.5 \times 0.2\mathrm{m}^2$——B 部分抹面面积。

故清单中混凝土浇筑工程量为 0.66m³；

砌筑工程量为 6.81m³；

勾缝工程量为 28.89m²；

抹面工程量为 35.48m²。

清单工程量计算表见表 3-2。

清单工程量计算表 表 3-2

项目编码	项目名称	项目特征描述	计量单位	工程量
040504001	砌筑井	圆形集水井,砖砌筑,C20 混凝土基础(100mm 厚)	座	1

2. 定额工程量

定额工程量根据《全国统一市政工程预算定额》(GYD−301−1999)计算。

集水井:1 座。

套用定额 5−425 。

其中:

(1)浇筑工程量:0.66m³(计算同上)。

(2)砌筑工程量:6.81m³(计算同上)。

(3)抹面和勾缝工程量:$(28.888 \times 0.01 + 35.482 \times 0.02)m^3 = 0.999m^3$

【注释】 式 $(28.888 \times 0.01 + 35.482 \times 0.02)m^3$ 中 0.01m 为勾缝厚度;0.02m 为抹面厚度。

3.5 工程算量计量技巧

在进行工程量计算时应该注意以下几个问题:

首先,一切量的计算都是以工程图纸为依据的,所以在进行算量之前应该先读懂图纸,对所要进行计算的项目进行简单的罗列。

其次在进行计算时要注意按照一定的顺序有序进行。

再次,在分部分项工程量清单与计价表填写时,"项目编码"一栏为 12 位数字,前 9 位应按清单规定设置,最后 3 位应根据拟建工程的工程量清单项目名称设置,同一个工程的项目编码不能重复。"项目特征描述一栏的内容应完整、详细,影响工程量计算的项目特征均应描述"。

最后,读者应当明确综合单价是由分析出的人工费合价、材料费合价,机械费合价、管理费和利润合价组成的,如果有未计价材料的,那么未计价材料和上述几项一起构成综合单价。

3.6 清单综合单价详细分析

见表 3-3～表 3-5。

某污水处理厂集水井施工图预算表

表 3-3

工程名称：某污水处理厂集水井　　　　标段：　　　　　　　　第 页 共 页

定额编号	分项工程名称	计量单位	工程量	基价（元）	其中（元）			合价（元）
					人工费	材料费	机械费	
5－425	圆形排泥湿井	座	1	1420.42	419.38	990.90	10.14	1420.42
合　计								1420.42

分部分项工程量清单与计价表

表 3-4

工程名称：某污水处理厂集水井　　　　标段：　　　　　　　　第 页 共 页

项目编码	项目名称	项目特征描述	计量单位	工程量	金额（元）		
					综合单价	合价	其中：暂估价
040504001	砌筑井	圆形集水井，砖砌筑，C20 混凝土基础（100mm 厚）	台	1	2016.99	2016.99	
合　计						2016.99	

工程量清单综合单价分析表

表 3-5

工程名称：某污水处理厂刮泥机　　　　标段：　　　　　　　　第 页 共 页

项目编码	040504001		项目名称			砌筑井			计量单位		座

清单综合单价组成明细

定额编号	定额名称	定额单位	数量	单价（元）					合价（元）				
				人工费	材料费	机械费	管理费	利润	人工费	材料费	机械费	管理费	利润
5－425	圆形排泥湿井	座	1	419.38	990.90	10.14	482.94	113.63	419.38	990.90	10.14	482.94	113.63
人工单价		小　计							419.38	990.90	10.14	482.94	113.63
37 元/工日		未计价材料费							—				
清单项目综合单价								2016.99					

材料费明细	主要材料名称、规格、型号	单位	数量	单价（元）	合价（元）	暂估单价（元）	暂估合价（元）
	C20 混凝土	m³	0.619	132.17	81.81		
	1:2 水泥砂浆	m³	0.377	189.17	71.32		
	M7.5 水泥砂浆	m³	1.659	88.38	146.62		
	红机砖	千块	2.569	236.00	606.28		
	碎石（10mm 厚）	m³	0.368	43.96	16.18		
	煤焦沥青漆（L01－17）	kg	2.068	6.47	13.38		
	草袋	个	3.442	2.32	7.99		
	电	kW·h	0.24	0.35	0.08		
	水	m³	1.365	0.45	0.61		
	钢筋混凝土管（D200）	m	0.564	49.92	28.15		
	铸铁井盖、井座	套	1.00	192.50	192.50		
	铸铁爬梯	kg	43.185	2.85	123.08		
	其他材料费				—		
	材料费小计				1288.01		

注：管理费和利润分别按人工费、材料费、机械费总和的 34% 和 8% 计算。